阅读成就梦想……

Read to Achieve

思考者 Thinker 系列

THE SECRET LIFE OF DECISIONS

How Unconscious Bias Subverts Your Judgement

认知偏差

摆脱心理认知陷阱，重塑决策思维

[澳] 米娜·杜莱辛甘　[德] 沃尔夫冈·莱马赫　著　王尔笙 译
（Meena Thuraisingham）　（Wolfgang Lehmacher）

中国人民大学出版社
· 北京 ·

图书在版编目（CIP）数据

认知偏差：摆脱心理认知陷阱，重塑决策思维 / （澳）米娜·杜莱辛甘 (Meena Thuraisingham), （德）沃尔夫冈·莱马赫 (Wolfgang Lehmacher) 著；王尔笙译 . -- 北京：中国人民大学出版社，2024. 9. -- ISBN 978-7-300-33219-2

Ⅰ．B842.1

中国国家版本馆 CIP 数据核字第 2024GX3911 号

认知偏差：摆脱心理认知陷阱，重塑决策思维

［澳］米娜·杜莱辛甘（Meena Thuraisingham）
［德］沃尔夫冈·莱马赫（Wolfgang Lehmacher）　　　　　著

王尔笙　译

RENZHI PIANCHA : BAITUO XINLI RENZHI XIANJING, CHONGSU JUECE SIWEI

出版发行	中国人民大学出版社		
社　　址	北京中关村大街 31 号	邮政编码	100080
电　　话	010-62511242（总编室）	010-62511770（质管部）	
	010-82501766（邮购部）	010-62514148（门市部）	
	010-62515195（发行公司）	010-62515275（盗版举报）	
网　　址	http：//www.crup.com.cn		
经　　销	新华书店		
印　　刷	北京联兴盛业印刷股份有限公司		
开　　本	720 mm×1000 mm　1/16	版　次	2024 年 9 月第 1 版
印　　张	12.5　插页 2	印　次	2024 年 11 月第 5 次印刷
字　　数	180 000	定　价	69.90 元

谨以此书献给我所有的良师益友，
那些已经从我们的视野中消失但其睿智的话语
永不磨灭的人，
那些时至今日仍伴我左右、继续为我的思想送
来金玉良言的人。

正如我们在日常生活中常常要做出决定一样，做出决策也是每位高管关键的工作内容之一。然而，我们对于这种潜意识过程知之甚少，我们的决策（尤其是那些非常重要的决策）就是在这个过程中做出的。本书试图彻底揭开那些不容置疑的且影响我们推理能力的谬见和曲解，提高我们对众多很容易中招的陷阱的警觉和认识。作者通过本书深刻挖掘了决策背后的秘密。

我们都很熟悉这样一种倾向：我们立足于维持现状或寻找证据来证明自己的选择，或者做出选择来为自己过去的选择辩护，但最终的结果只能是赔了夫人又折兵。因为我们很难承认自己也许错了，而且也不会承认是自己让记忆中的事件主宰了自身对未来前景的看法。这些都是人们认知偏差的例子，也反映出决策过程中各种人为因素的影响。我们都成了认知偏差的牺牲品。此类"陷阱"大多是危险的，因为它们不仅是隐形的，还会从根本上影响我们的思维过程，导致我们很难识别出它们的真实面目。或许更为关键的是，我们可以言之凿凿地指出他人的认知偏差，却对自己明摆着的认知偏差视而不见。通过熟悉各种形式的陷阱，我们可以确保自己做

出合理的和可靠的决策。这些隐秘的力量会妨害我们的决策质量，而我们对决策的警觉程度则是破解它们的答案。

本书传递的理念来自作者几十年来与企业领导者及其团队共事的经历以及敏锐的观察：即使是最有才华的领导者也会做出差强人意的决策，但这种情况极少是因为他们缺乏批判性思维能力或智力造成的。问题的真正原因是：他们并没有充分重视自己大脑设置的隐性陷阱，而只让那些与我们目前的信念、心智模型和预期相符的信息出现在我们眼前。这让很多企业领导者和企业的缺陷暴露无遗。

从一个公司的角度看，虽然全球金融危机已经过去，但它依然是我们挥之不去的梦魇。它促使我们深入思考一些问题：如何做出决策，如何对待我们狭隘的"世界观"——尤其表现在我们对商业挑战的思考以及对所做决策的直接后果缺乏判断力上。我们继续沿用"眼见为实"这样乐观的眼光看待事物，而从不会挑战自己对事件记忆持续重建的本性。我们的自身经历可能会限制自己思考，并颠覆自己的判断力。

虽然我们把决策视为自己推理能力产生的合理结果，但本书的大前提却不在于此。它的前提是：由于人在本质上属于社会动物，因此其判断力和决策是受社会因素影响的。甚至就决策本身而言，我们也经常调整自己的决策行为，期望看到别人是如何评价它们的。因此，我们想全面了解决策，必须考察社会因素的影响，因为它们可能会强化或妨碍决策。当人们面临复杂的判断或决策时，他们经常会借助启发法、一般的经验法则或过往的经历，将任务做简化处理。在很多情形下，这些简便做法非常接近通过决策理论给出的最佳答案，但它们永远做不到完全相同。在某些特定情况下，上述细微差异会导致出现可以预见的认知偏差和矛盾。我们的成长环境、教育水平、与我们接触或在一起的人、我们所属的宗教团体和我们阅读的媒体等都影响了我们的观点、预设条件、过滤条件、启发法甚至偏见，我们常常就是这样走到决策台前的。

本书不仅通过很多我们已经注意到并研究过的企业领导者的真实故事和情境，探讨了操控并影响我们判断力和决策水平的主要偏差，还通过一个三段式"心态—参与者—过程"架构为读者提供了可行的建议，上述架构能帮助决策者做出日渐复杂、无法回避的决策。本书最后还向读者介绍了我们开发的一套颇具针对性的决策诊断法，它能帮助企业领导者反省自己的决策行为，并选择自己希望做出的改变。

本书将睿智的选择与思考看作一种技能，这种技能和其他很多技能一样，都能通过经验和指导性训练加以提高。

本书结构说明

第一部分　带有偏差的判断和错误决策的代价

在这部分中，我们快速且简略地介绍心理学和决策心理学，以便我们理解认知偏差的根源。我们还将考察如果不能更系统化地应对这种每天都会发生的现象，会带来何种潜在的商业后果。

第二部分　挑战认知偏差，揭露"秘密"并明智选择

在这部分中，我们将审视每个企业领导者都要做的五个决策，并在此背景下，向你介绍八个最为常见的、也是每个企业领导者需要小心戒备的决策陷阱。我们将通过事例说明，当我们做决策或做类似的事时，我们如何因过于依赖数据而误入歧途，又是如何因对不确定的事感到不安，从而导致自己忽视一些不可知的事。在每个章节中，我们都会列出危险信号的部分，同时提供消除特定偏差的成功策略。我们还会提供一些针对领导团队或项目使用的指导策略。

第三部分　培养最佳实践的决策行为

我们已经接受了认知偏差是人类认知功能的正常组成部分这一观点，所以在本书的这部分中，我们把从第二部分中获得的洞察力和理念浓缩成最佳实践的决策行为。我们还期待看到决策可能发生的进化与改变途径。在未来，集新价值体系、新动力学（后全球金融危机时代）乃至新技术于一身的新一代决策者，可能会改变我们今天所了解的实现明智选择的方式，并在未来做出复杂且具有高风险的商业决策。

THE SECRET LIFE
OF DECISIONS

目 录

第二部分　挑战认知偏差，揭露"秘密"并明智选择

第三部分　培养最佳实践的决策行为

11　最佳实践的决策行为　/167

12　未来，该怎样做出更好的商业决策　/179

THE SECRET LIFE OF DECISIONS

第一部分

带有偏差的判断和错误决策的代价

HOW UNCONSCIOUS BIAS
SUBVERTS
YOUR JUDGEMENT

THE SECRET LIFE OF DECISIONS

How Unconscious Bias
Subverts Your Judgement

01

思考一下我们的思维

事业成功最为关键的要素是我们所做出的判断和决策的质量。然而，决策者所面临的无处不在的挑战是：虽然很多人可能不愿意承认，但其决策行为都是极其不严密的。而且，我们并不像自己相信的那样可以娴熟地做出决策。另外，虽然我们相信自己的组织在很大程度上是基于理性思维来思考的，但事实上，其运作方式却是非理性的。因为负责组织运作的是人，而人在工作时是有情感投入的。

不过，即使人们正在做出非理性的行为，他们通常做出的也是一种系统化的非理性行为，这种行为方式与他们的思维习惯有关。这就是决策的依据越充分，但决策却越有可能出错的原因——因为一个人的经验、偏差、偏爱、价值观和信念都会成为拦路虎，导致其做出的决策可能与决策能力并不相符。

思维是意义构建的过程。20 世纪 60 年代，认知心理学之父弗雷德里克·巴特利特（Frederick Bartlett）爵士在剑桥大学工作期间，将思维定义为填补证据的技能。我们看到一条很熟悉的道路发生了拥堵，会认为前面肯定发生了事故；听到一段旋律，会认为它也许来自莫扎特的一部作品；读到一篇不符合自己想法的新闻报道，便会认为这个记者分析得不全面或有别的问题。这是我们的知觉系统在大脑中留下的图片，它通过执行心理操作来帮助我们推断因果关系和构建其他意义。只要我们每天处于清醒状态，这些知觉操作便每时每刻都在发生，就好像它们一直在工作一样。

从本质上讲，这种所谓的"意义构建"体现出两种思维方式——直觉思维（或称"自动化思维"）和演绎思维（或称"分析思维"）。直觉思维是一种纯粹的联想。实际上，我们多数思维都是联想式的。例如，当我们走进一个房间，我们会本能地、不假思索地去触动电灯开关，并相信它会点亮整个房间；同样地，当红灯亮起时，我们会把车停下来。我们不会有意识地去思考自己采取的行动——通常，它们都是自动发生的，其中不涉及"过多的思考"。受控的思维则更有条理，其通常会与更加"科学的"思维联系起来——这是一种深思熟虑的行为，用来解释一个人正在面对什么或正在经历什么。任何智力上的成就通常都来自二者的混合作用——直觉和逻辑演绎过程的结合。研究显示，一位经验丰富的企业领导者很可能非常熟悉呈现在自己面前的各种局面，这样他可以不用"过多的思考"就能自动地评估一种局面，并走出一招妙棋或臭棋。

通过直觉思维做出的判断和选择可能是有用的和有效的，但也有可能给我们带来麻烦。它可能会让我们做出较为糟糕的判断和选择，而当我们采用更受限制的方式做决策时，可能就不会出现前面所叙述的麻烦。这并不是说直觉思维总是低下的。因为后面的章节将会证明：要想做出明智的决策，两种思维都很重要。而且，我们将其归结为更警觉的思维，这对我们更好地做出决策非常有必要。

还有一点，我们的认知习惯很难被撼动。因为在我们的思维过程中，联想和启发无处不在，而事实上，它们对我们的生存来说至关重要。试图训练人们不做有针对性的思考或者不要过于依赖直觉、联想和启发，这些做法通常都不成功。因此，我们在思考时应该通过强化自我认识、自我控制和个人努力来做好防范。

作者在本书第二部分近距离地观察了企业领导者的决策行为，明确我们在做出好的选择、判断和决策时所面临的挑战；认识到我们的偏爱、经验和偏差所蕴涵的风险，探索修正我们决策行为的方式；在某种程度上，通过做出一个又一个决策，使我们的事业走向持久的成功。

认知偏差的根源

作为企业领导者，我们在面对复杂的决策时真的很难判断孰对孰错，而且对这些决策的判断常常根据具体情形而定。例如，我们追求什么策略，退出哪些市场，为了未来着想投资什么样的技术平台，是雇用员工还是辞退员工，等等。

如果不考虑领导者所面对的决策类型，那么每个决策过程都包含四个阶段（参见图 1-1）：

- 理解；
- 检索；
- 判断；
- 响应。

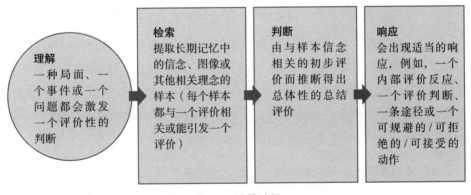

理解
一种局面、一个事件或一个问题都会激发一个评价性的判断

检索
提取长期记忆中的信念、图像或其他相关理念的样本（每个样本都与一个评价相关或能引发一个评价）

判断
由与样本信念相关的初步评价而推断得出总体性的总结评价

响应
会出现适当的响应，例如，一个内部评价反应、一个评价判断、一条途径或一个可规避的/可拒绝的/可接受的动作

图 1-1　决策过程

在很大程度上，理解阶段属于一种解释性行为。在每个阶段（也包括理解阶段），决策者都在一层层地积累解释信息，也就是形成主观性的内容。还应指出的

是，与周围环境无关的决策不存在这种情况。所有判断与决策均依赖于我们看待、解释和选择理解周围世界的方式。

检索是一种从过去的经历中获取信息的行为。检索行为也受到决策者先前经历的影响和束缚。需要指出的是，检索过程极其不可靠，而其中一个相当重要的原因是：大多数复杂决策都是由很多小评价汇总而成的总体评价。例如，买入或卖出一项业务的决策便是由很多小评价构成的——对类似业务有哪些评价？更广泛的市场是如何运作的？有没有特定的公司能从战略上匹配这项业务？这项业务中是否存在一些可以被进一步释放的、可供出售的感知价值？还有，我们应当在这些业务出售前实施那些改变吗？诸如此类的疑问还有很多。正如第 3 章和第 4 章将要展示的那样，检索深受记忆和经历的影响。

在判断阶段，我们借助人类的能力推断、估计或预测未知事件的结果。我们对那些结果的预期也基于一种能反映个人价值观（我们将在第 9 章中对受到决策者重视的个人价值观造成的影响做更加详细的考察）和当前目标的、可评价的连续统一体，从而展开评估。我们的判断能力会受到某些系统缺陷的影响——最突出的系统缺陷便是过度自信（我们可以从第 5 章中找到更为全面的分析）。随着阅历的增加，我们会对自己取得成功的因素产生依赖，而我们的自信则建立在自己的世界观之上。考虑到人类目前的认知程度，这种自信有时会超出理性的范畴。

不过，让判断阶段变得困难的原因在于：在明智地选出最佳行动方案之前，我们需要考虑很多重要的间接属性。我们知道，正负永远是形影不离的，每个选择都存在正面和负面两种结果。因此，做出决策需要我们付出很多认知上的努力，尤其是在需要做出很多权衡的情况下（例如出现价值观的竞争或冲突时）；甚至更困难的是，我们在准备做出权衡时却得不到需要的关键信息。

我们将估算频度、判断相似性、识别之前经历的情形、推断因果关系及其他能力都深深地嵌入到自己的大脑之中，所以这些都属于大脑固有的能力。由于在认知水平上，此类直觉或启发思维都属于廉价的资源，因此这些有时也是危险的或干脆是愚蠢的。我们认识了一位银行家，就会想象其他所有的银行家都差不多；我们在一个亚洲国家做生意，就会认为全亚洲的人都在用类似的方式做事；我们认识了一个印度人，并因此相信所有印度人的长相都一样。某人在国家经济转型期间得到了一份好工作，他便假定国家每次经济转型的情况都类似；而当某次国家经济转型有所不同时，他就有可能严重误判。

在本书的第二部分，我们将从很多实例中看到，这种内在的东西甚至让那些最有经验、最成功的领导者以惊人的方式陷入了困境。过于相信自己的决策能力和对决策结果的乐观态度是领导者面临的两大风险。然而，正如我们在接下来的章节里所展示的那样，它们并不是潜伏在领导者身边仅有的两个风险。

THE SECRET LIFE OF DECISIONS

How Unconscious Bias
Subverts Your Judgement

02

认知偏差的代价

　　体现领导者重要性的其中考验之一就是：是否有人真的受到自己所做决策的影响，或者只关心自己所做的决策。假设领导者所做的决策很重要，那么其传统做法通常是由自己所做决策的长期影响决定的。因此，我们所做的决策就成了自己作为领导者不可分割的的重要内容。

　　不过，就像我们在第 1 章已经读到的，决策依赖于感知，因此决策可能是一个非常不完美的过程。我们看见了自己所期望看到的，换言之，我们在有选择地观察；我们对事件给出的解释只是为了确认自己的视野而仅仅注意到了与自己世界观相一致的信息，却忽视了不和谐的信息；我们经常会记住根本没有发生的事，或至少与自己的记忆不相符的事。这会让领导者和组织暴露在众目睽睽之下，并在很多方面失去联系，他们所做出的决策也是如此。

　　在本章中，我们会让你看到，存在认知偏差会付出多大的代价。我们还会借助充分的实例证明，即使是最有经验的、最成功的公司和领导者也可能成为以下八种认知偏差的牺牲品。

记忆力偏差：对过去事件的准确记忆是我们做出决策的可靠资源（第 3 章）

今天，我们在生意场上做出的许多判断和决策，都是基于自己积累的常识和对专门知识的回忆。但正如科学家们已经证明的那样，我们的回忆经常会有瑕疵。

20 世纪七八十年代，认知科学家发现了艾宾浩斯遗忘曲线（Ebbinghaus Curve of Forgetting），并以最早开展相关研究的德国心理学家赫尔曼·艾宾浩斯（Herman Ebbinghaus）的名字命名。这条曲线显示，自然的记忆过程竟然存在某种程度的遗忘，因为记忆的过程就是重建的过程。当记忆被唤醒、被重建乃至伴随着强烈的认知时，它还会跨大脑多重区域进行重组（我们并未意识到这一过程）。

在由认知科学家开展的无数次实验中，这条曲线试图挑战人们对肯尼迪遇刺、挑战者号坠毁以及更近些的"9·11"恐怖袭击等全国性悲剧事件的记忆程度，回忆的节点是事件发生的次日、固定的间隔后和三年后。我们中的大多数人都会记住科学家所谓的"闪光灯记忆"——之所以这样说，是因为这些事件都有令人震撼的清晰细节。然而，这种细节就像我们每天的回忆一样，会随着时间的推移以同样的速度逐渐遭到侵蚀。他们的研究显示，匹配最初事件的回忆不足 7%；在被试所下的 67% 的断言中，有 50% 都是错误的；而在每个重大细节的回忆中，有 25% 的回忆都是错误的。每日事件的结果通常具有与"闪光灯记忆"类似的准确性。

正如我们所看到的，即使就重大事件而言，我们的记忆中也充斥着错误的细节。更有趣的是，我们对这些记忆继续感觉良好，并伴随着盲信。我们自己感到深信不疑，且通常将其作为准确性的指示器。

2005 年 8 月 29 日星期一，卡特里娜飓风袭击了美国新奥尔良南部的海滨地区。新奥尔良人口密集，大部分地区处在海平面以下。

美国国土安全作战中心位于华盛顿特区，有 300 多名工作人员，是本地将重大灾害地面情报上报给白宫之前的处理中心。马修·布罗德里克（Matthew Broderick）上将是该中心的主任，他经验丰富，负责指挥这次卡特里娜飓风救灾行动。布罗德里克上将拥有 30 年的管理美国海军陆战队作战中心的履历，其中也包括组织西贡（越南胡志明市旧称）和金边撤离行动。若论梳理信息的水平，非布罗德里克莫属。然而，他长期的工作经验告诉他，最早的报告往往是不准确和夸张的。于是，他利用周一一整天的时间，试图通过可靠的报告来确认新奥尔良的防洪堤是否已经决堤。报告蜂拥而至，当一天的工作结束时，他手里已经掌握了大量的报告。其中一些报告是相互矛盾的，他需要确定它们的可靠性。当天晚上，在向白宫发去"新奥尔良的防洪堤没有重大破损"这样一条令人安慰的信息之后，他回到家中。而直到第二天（也就是 8 月 30 日）上午晚些时候，他才通知白宫防洪堤已被摧毁，并且新奥尔良城市大部分已被洪水淹没。这份迟来的报告让联邦政府的灾害响应延迟了 24 小时，导致 1800 人死亡，成千上万的人失去住所和生活来源。卡特里娜飓风给美国联邦政府带来了 860 亿美元的损失。

在飓风重创南部海岸之后 24 小时这一关键的时间段内，布罗德里克仔细听取了那些报告，有选择性地提取了几份在他看来不太夸张的报告。他一直在回忆自己早期处理过的灾害事件相关报告里的夸大其辞，而没有注意到最接近事实真相的几份报告。

"这是我的责任……未能把这些信息及时通报给相关人员，"布罗德里克在参议院调查卡特里娜飓风听证会上承认，"如果他们没有收到……相关信息，那就是我的责任，也是我的失误。"据说后来他因家庭原因辞职。

当我们错过了一条关键的线索时，就会遇到"布罗德里克时刻"。因为此时，我们沉浸在选择性聆听和选择性回忆中，而它们掺杂了我们自己的"艾宾浩斯遗忘曲线"。

我们将在第 3 章中详细介绍这一决策陷阱及记忆偏差的潜在影响。

经验偏差：我们越有经验，越会做出较好的决策（第 4 章）

当我们知道自己不知道的事时，会经常将其看作大智慧的表现。尽管如此，我们还是有可能将自己的经验限制在视野范围内。当我们回顾微软公司及其 CEO 史蒂夫·鲍尔默（Steve Ballmer，他是进入微软公司的第 30 位雇员，并声称已为这家公司连续工作超过 30 年）的案例时，这一观点显得尤为真实。

对 iPhone 的竞争力，鲍尔默根本不屑一顾，再加上微软 20 年来在软件领域一骑绝尘，因此才有了这段让他名声大振的讲话：

iPhone 没有任何得到重要市场份额的机会，它根本就没有机会。它只是一个 500 美元（运营商）补贴的项目，公司却赚了很多钱。但实际上，如果你看一下全世界卖出的 13 亿部手机，我想，其中有 60%、70% 或 80% 的手机装的都是我们公司的软件，而苹果公司只得到其中 2% 或 3% 的市场份额。

不过，微软低估了手机技术的市场潜力。

1998 年，微软准备上市一款可以让消费者下载纸媒书刊数字版本的电子阅读器原型机。然而，开发原型机的工作小组等来的却是反对之声，原因是它看着不像 Windows 的产品。虽然开发团队争辩道，他们的出发点就是把一本单独的书以全屏幕的方式呈现出来，而将其以软件形式植入电脑中只会损害消费者的体验。但是，他们研发的产品最终还是遭到抛弃。这个工作小组后来被并入专门开发 Office 软件（微软的摇钱树）的重点产品研发团队。若干年后，我们不难看到，亚马逊和苹果主宰了电子书阅读器市场。

微软似乎太过倚重 Windows 和 Office 了。每当那些富有才华的团队发明出一种新产品，都要被迫将其植入 Windows 或其他现有产品中。这些产品设计中充斥着各种偏差，而且主要是经验偏差和依恋偏差。例如，Office 设计使用键盘输入，而不是压感笔和手指输入。微软的思维一直被束缚在键盘上。像键盘偏好这样的偏差带来的麻烦是，微软的年轻创新者们正在试图解决的问题并不是与微软产品有关的问题。尽管如此，他们还是不得不将自己的想法整合到微软的工作体系中，而最终导致减缓并摧毁创新的过程。这家公司的各个层面上都弥漫着偏差，Windows 和 Office 部门主宰了产品的开发方向。当面对一个飞速变化的市场时，公司便不能快速前进。

低估新加入者是一回事，而低估竞争者的野心则完全是另一回事。现在的市场趋势很明显，向移动设备和云架构的转移正在降低家庭、办公室和数据中心对台式电脑的需求和意愿。微软囿于自己曾经有效掌控市场的思维，而似乎在多年后才认识到这种巨大的市场转变。他们让自己成了经验的牺牲品。微软在过去 10 年疲软的股价也清楚地反映了这一现实。

微软是受制于自身经验的一个很好的例子——作茧自缚让很多大公司都跌入了陷阱之中。一种做事方式竟然会变得如此顽固，以至于让公司很难跨越曾经的辉煌。Windows 已经存在了 20 年，但并不意味着这种软件唯我独尊的地位还会继续。

无论在哪个领域，专家观点或经验之谈都会起到一个过滤器的作用——这是一种高度专注的感知，它基于一个有限的知识体系，但很少包含偏执的世界观。我们每次采用一种经验过滤器，都会抛弃全局的部分细节。

我们将在第 4 章中详细介绍这一决策陷阱及经验偏差的潜在影响。

乐观主义偏差：我们对结果越自信，越会做出较好的决策（第 5 章）

我们在做某事时，会长驱直入，但别人却还要犹豫一下，这种倾向很常见。它来自于人们对两件事的过度自信：

- 我们有能力影响未来；
- 我们有能力预测未来。

你可能见证了无数次预算超支，这种超支要么是自己的，要么是他人的。而它们都指向了一个事实：这种过度自信或乐观经常被用错了地方。

在组织结构中，围绕着一种激励乐观的能力，并且其中包涵一些隐含的方式。高管们被赋予了管理市场营销或投资组合的职责，因为他们被认为具有成功的必要条件。因此，如果你能在 CEO 面前或董事会上看到高管们谦卑的一面，那可真是件稀罕事。因为这说明他们对正在宣传推广的计划存在几分不确定性，你很少能听到他们说出自己计划不成功的原因。他们不仅对自己的计划表现得很有信心，还会激发他人自信和乐观的态度，这是一位高管的分内工作。事实上，他们会例行公事般大肆宣传自己的计划，与此同时，还掩盖了计划存在的风险和潜在危害。另外，他们通常处理这些风险和危害的方式是表现得很自信，以此证明自己有能力预测市场的反应。再补充一点，有一种倾向假定之前发生的事还会再次发生。

事实上，许多组织文化似乎就是靠乐观主义和抑制不确定性而生存下来的。全球金融危机正是由于将所有参与者的乐观汇聚在一起，从而导致了 2008 年初贝尔斯登（Bear Stern）公司的倒闭。这家公司的倒闭导致了 2008 年 9 月华尔街投资银行业的风险管理系统彻底崩溃，乃至其后续成为全球金融危机和经济衰退的序曲。这一事件便是乐观酿成的恶果，并且自 2008 年以来已经通过各种文献得到了广泛证明。

尤其在面临压力时，高管们更有可能依靠后来被证明是错误的设想而向前推进自己的计划。而我们的自信，即我们有能力准确地预测未来，则经常会成为这一进程的推进剂。 然而，这种预测却通常建立在我们在本章中提及的由记忆和经验过滤器选择性提取的信息源和知识库的基础之上。

我们将在第 5 章中详细介绍这一决策陷阱及乐观偏差的潜在影响。

恐惧偏差：我们越怕失去，越会做出较好的决策（第 6 章）

对失败或失去什么的恐惧感，可能会导致我们做出愚蠢的决策。我们来看看柯达公司的案例。柯达由于过分担忧一项重要的、可以改变公司历史的新技术可能会影响公司胶卷业务销售，从而失去了永久的竞争力。

柯达是一家具有开拓精神的公司，它发明了业余摄影术。柯达物美价廉的相机、胶卷和相纸等系列产品改变了人们对照相的认识，几十年来为公司带来了不断盈利的机会，并使它成为全世界照相胶卷和相纸销售领域的领导者。由于这一领域存在巨大的盈利空间，因此其价值呈指数方式增长。然而，到了 20 世纪 80 年代末，数字影像出现在世人面前，业余摄影进入了数字时代。这意味着胶卷成了多余的东西，人们也用不着冲洗胶卷了。

然而，你也许不知道，是柯达发明了数字摄影术，并创造出了这种技术，而且它是最早应用这一技术的公司。但由于柯达担心新技术会影响胶卷的销售，因此当时的管理层做出了不让这种产品上市的决策。柯达为了保护并扩大自己的原有业务，将数字摄影专利授权给了相机制造商，放弃研发相关产品线，并集中精力开展核心业务。柯达一直致力于生产更好、更快、更廉价的胶卷——而最终使自己的竞争力消失殆尽——这就是恐惧的真实代价。

2012 年初，柯达根据美国《破产法》第 11 章申请破产。

我们将在第 6 章中详细介绍这一决策陷阱及恐惧偏差的潜在影响。

野心偏差：我们的个人野心越大，越会做出较好的决策（第 7 章）

野心是世界上最强大的和最具有创造性的力量，而且也常是成事的原因。一方面，它驱使你做得更好、得到更多，成为最好、最成功的人；另一方面，如果不对其加以控制，它也是最具威胁性的力量之一。如果任由野心膨胀，它就会越界变身为傲慢和贪婪，离狂妄自大也不远了。不过，这种不是源自追求事业的野心，而是追求自我的野心，并最终会导致自我毁灭。

这类狂妄自大可能会趁我们不备时向我们攻击，就像遭到贬谪的苏格兰皇家银行（The Royal Bank of Scotland，RBS）前 CEO 弗雷德·古德温（Fred Goodwin）所做的那样。他通过杠杆收购手段，将大西洋两岸企业玩弄于股掌之间（其中包括 2000 年收购国民西敏寺银行，当时后者的规模是苏格兰皇家银行的 3 倍）。人们从其业绩记录中可以看出很多狂妄自大的线索，并可一直追溯到他的最后一搏——收购他投入最多的荷兰银行。他的决策都无视资本与资产应保持平衡的谨慎建议，而将苏格兰皇家银行置于资本不足的境地，并很快导致该银行被收归国有，以免拖垮英国经济。

一直以来，古德温的野心就是打造全世界最大的公司，他在 2008 年成功实现了这一梦想。在他掌控苏格兰皇家银行期间，该银行的国际声誉不断提升，并快速成长为全世界最大的公司（依资产排名——19 000 亿英镑）和第五大银行（依股票市值排名）。在苏格兰皇家银行宣布自己出现了英国所有公司历史上的最大亏损（大约 240 亿英镑）前一个月，他宣布了辞职。这便是他的野心和未能明智判断与打造可持续企业的有关挑战，而最终导致失败所付出的真正代价。

现在我们知道，那些了解他并为其工作过的人曾建议他谨慎行事。然而，他的野心是一股很强的驱动力，许多人都看到了他这个特点。一些人赞赏他，而其他人则认为他狂妄自大。他所表现出的自我肯定让他的追随者痴迷不已。虽然他让批评者心神不定，但却总能让人知道他将要去哪里；而当他到达目的地之后，人们也知道他要去做什么。现在看来，他给人留下的这种印象最终带给他的是毁灭，因为他的飞扬跋扈和狂妄自大，让他赔上了自己的工作、事业和大半生的拼搏，更不要提给依赖苏格兰皇家银行谋生的数万名雇员和客户造成的损失了。

我们将在第 7 章中详细介绍这一决策陷阱及野心偏差的潜在影响。

依恋偏差：我们寄托在理念或人身上的情感越多，越会做出较好的决策（第 8 章）

即使是我们自己做决策时，也会经常考虑如何让其他人接受自己的决策。我们经常能听到一些非常人性化的问题，例如："他们有被出卖的感觉吗？""她会感到失望吗？""他是否感到被误导了？""他们会怪罪我吗？""我的团队是不是认为我的立场转变得太快了？"诸如此类。

你不仅会对一个人、一个团队、一段共同的历史产生依恋，也会对一个策略、一个理念甚至一个标志性品牌情有独钟。这种依恋或者说归属感可能会影响决策的质量。商业文献中充斥着大量有关高管的案例，他们都透过依恋的镜头看待问题，并做出了糟糕的决定，尤其是那些（根据沉淀成本原则）继续坚持已经走入死胡同策略的高管。

2001 年，经过多个季度的利润下滑、债务攀升、三年内股价下跌 60% 等多重打击之后，麦当劳宣布了一项重大重组计划。在此之前，它采取的唯一策略是多开店（而不是改善现有店面的经营条件）。它成了依恋谬见的牺牲品——依恋于单一增长策略，即多开新店。

尽管麦当劳拥有世界认知度排名前六的品牌，但就下滑的利润和糟糕的股票表现而言，其此前 10 年里的营业收入绝对令人失望。更为重要的是，其比竞争对手排名更低的口味、貌合神离的加盟商以及为了削减成本而不断改变的菜单等都在把消费者拒之门外。

于是，在一次接受《新闻周刊》（Newsweek）采访时，麦当劳总裁兼 CEO 迈克尔·昆兰（Michael Quinlan）被问到是否需要做出改变，他说："我们需要改变？不，我们不需要，我们拥有全世界最成功的品牌。"脆弱性和集体文饰作用的错觉已经悄悄侵入这家企业的肌体中，但最重要的还是他们已经成为依恋于某种单一策略架构（一种主导逻辑的增长方式）的牺牲品。

最终，他们更换了新的领导者，并带来了新的理念和开放的思想。这位领导者迅速摒弃了公司这种依恋并信赖通过开新店促进营业收入增长的方式，且以改善现有门店条件增加营业收入的方式来代替。这种不带情绪化并满足了消费者需要的方式成了麦当劳绝地反攻的胜负手。这种方式终于顶住了挑战，并化前面所叙述的偏差于无形。

我们将在第 8 章中详细介绍这一决策陷阱及依恋偏差的潜在影响。

价值观偏差：企业文化或信念体系越强大，越会做出较好的决策（第 9 章）

我们对一系列价值观或信仰的单一承诺可能会使我们陷入困境。以连任五届美联储主席的艾伦·格林斯潘（Alan Greenspan）为例，他被每位时事评论员奉为座上宾，并经常被冠以"史上最伟大的银行家"的称号。他在国际上也颇有名望——他被授予法国荣誉军团勋章和英国荣誉爵士头衔。2008 年 10 月，美国众议院委员会对金融危机展开调查，当他最终出现在听证会上时，他所叙述的一系列有关金融危机的线索开始逐渐变得清晰。首先，他叙述的是导致流动性危机的次债危机，紧接着叙述的是信用危机、银行业危机、货币危机以及贸易危机。但更为关键的是，全球经济的崩溃也预示着一场意识形态危机，从而引发了一场市场如何起作用或应该如何起作用的单一模式大辩论。

格林斯潘认为市场运作模式可以做出自我调整。这一信念不可动摇，也被很多金融家所接受，而且迈克尔·刘易斯（Michael Lewis）的多部著作已经证明了这一点。当格林斯潘在听证会上努力解释发生了什么时，委员会成员韦克斯曼却给了他另一个解释："你发现自己的世界观、思想意识是不正确的。"格林斯潘回答："非常准确，这正是我感到震惊的原因。因为我有充分的证据证明，它 40 年来甚至在更长时间里都运转良好。"

格林斯潘感到很震惊，这点没错，但并不是因为他从未听到过这种警告，有数不清的人都在挑战他的放松管制教条，其中也包括获得诺贝尔奖的经济学家。事实上，为了平息上述挑战，他采取了非同寻常的措施，说服美国国会通过法律手段阻止时任商品期货交易委员会主席布鲁克斯利·博恩（Brooksley Born）的提议。这位经济学家呼吁为金融市场衍生工具立法，而格林斯潘则声称自己"非常关注此类立法产生的结果"。格林斯潘对自己推崇的市场运作模式有着绝对的和不可动摇的自信。

我们都会有所谓的"格林斯潘时刻"，尤其当我们对某事笃信不疑或其关乎我们的核心信念时，我们会无视那些可能暗示有相反结果的证据。我们直到某件不幸的事确定无疑地发生后才会突然感到震惊，那些信念（或称作价值观）可能蒙蔽了我们的双眼，或让我们与成功的目标渐行渐远。

博雅公关公司（Burston Marstellar）和新闻集团（News Corp）是依照自己的价值观和信念体系做决策的两个典型案例，但它们最终都在无意间给自己的声誉带来了无法弥补的损失。

我们将在第 9 章中详细介绍这一决策陷阱及价值观偏差的潜在影响。

权力偏差：我们的控制力或影响力越强，越会做出较好的决策（第 10 章）

我们依赖于既定权力，它可能会妨碍我们挑战自己的思维，使周围都是支持自己观点的人，或至少都是不会挑战我们的权力、进而强化我们观点的人。那些只靠职位权力来掌管公司的 CEO 们，最终都会失败。一些突发性的公共事件经常会成为导火索，出现一个战略错误、股价急跌、发生一桩不起眼的丑闻都会为诸如此类的个人失败创造条件。

大公司在任的 CEO 中，最蛮不讲理的可能非摩根士丹利公司（Morgan Stanley）的裴熙亮（Philip Purcell）莫属。由于出现了一波高管高调离职潮（这些高管很难与裴熙亮共事）、股价下跌以及盈利前景不确定，这些都让裴熙亮的反对者找到了口实。不过，人们一般认为，这些都只是裴熙亮在摩根士丹利公司应对如何做出关键决策、如何使用权力、灌输服从思想、要求雇员忠诚以及对那些有心存杂念嫌疑的人打击报复等深层问题的表面现象。

据报道，裴熙亮爱玩弄权术，为人冷酷无情，独裁专制还孤傲离群，还因公司许多高管的离职而备受指责。自 1997 年成为 CEO 后，他负责将高端投资银行特许经营业务（摩根士丹利公司）和零售端经纪业网络（原由裴熙亮主持的添惠公司）整合成一家金融服务公司。据报道，在整合期间，他对持有不同意见的人表现得非常没耐心，甚至与其发生争吵。他要求整个公司都忠实于他，所以留在他身边的都是"好好先生"和"好好女士"。当时还有报道称，他令公司逃避监管，在公司面对法庭提出的一系列问题上，用专横、傲慢的方式扰乱监管者的思路。

甚至在其任期将满，董事会在着手撰写裴熙亮的履职独立调查报告以确定公司的经营管理状况时，裴熙亮仍然拒绝承担使公司士气低落和缺乏凝聚力的责任。紧接着，八位离职高管在媒体发文要求裴熙亮离职，并掀起了历时两个月之久的公众活动。董事会最初误判那些针对前高管裴熙亮的语言攻击都是出自私人恩怨，不会威胁到公司业绩。不过最后，他们还是放弃了对裴熙亮的一贯支持，并采取行动将其开除。

很明显，裴熙亮治下的摩根士丹利公司因基于权力而非影响力的决策风格被搞得士气低落。随后，在约四年前的一场权力斗争中被排挤出去的约翰·麦克（John J.Mack）被董事会重新委任为 CEO。

我们将在第 10 章中详细介绍这一决策陷阱及权力偏差的潜在影响。

▶ 小结

在阐明认知偏差的代价时，我们选取了有据可查、知名度高的领导人和公司的例子。他们成为了这八种决策陷阱和潜在偏差的牺牲品，并清楚地向我们展示了由于做出偏差决策所付出的代价。但这些并非一带而过的例子，我们将在本书的第二部分中对其做进一步论证。

在过去 30 年公司经营与咨询服务的过程中，我们搜集了数百位领导者因这些偏差栽跟头的例子。我们通过这些实例把前面叙述过的风险呈现在你面前，让你认识到自己也有可能屈从于那些歪曲原意的行为，甚至你在今天做决策时就有可能遇到。

当我们在不知不觉中了解到那些参照、经验法则和大脑中根深蒂固的偏好时，我们会发现知识在其中起到了至关重要的作用。缺少知识会导致我们的判断完全失常、不能深思熟虑、受到情绪上和文化上的驱使，并且有可能摧毁我们作为决策者的公信力。

不过，我们在对自己竟然暴露在这个完全不严密的决策过程中而深感绝望前，仍对此抱有希望。

在某种程度上，这种希望存在于一个事实中，即人们可以运用更高的知识水平，通过更仔细的观察和实践来识别出这些"错误"，并和每位领导者通过知情选择轻松掌握某些非常简单的技能，从而付诸行动。在本书的第二部分中，我们会通过一张简单的架构图（见图 2-1）来介绍这些技能，帮助你挑战这些认知偏差，绕开众多陷阱，纠正偏差，成为一个优秀的决策者，最终成为一个优秀的领导者。

在接下来的每个章节里，我们都会列出危险信号，帮助决策者识别决策过程在何时可能存在认知偏差。在发现危险信号的地方，决策者会重新思考思维模式、决策参与者或决策过程，以便制定出更加成功的决策策略。

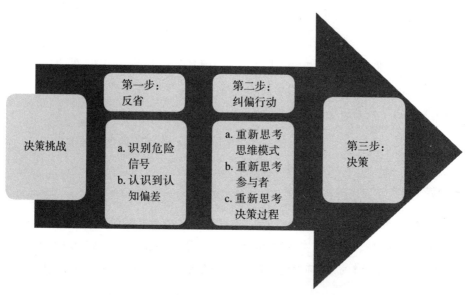

注：每个章节都会列出危险信号，帮助决策者识别决策过程在何时可能存在认知偏差。在发现危险信号的地方，决策者会重新思考思维模式、决策参与者或决策过程，以便制定出更加成功的决策策略。

图 2-1　决策架构

THE SECRET LIFE OF DECISIONS

第二部分

挑战认知偏差，揭露"秘密"并明智选择

HOW UNCONSCIOUS BIAS
SUBVERTS
YOUR JUDGEMENT

首先，让我们简要回顾一下有缺陷的思考、判断和随之产生的决策：

我认为全球市场有五台电脑也许就够了。

小托马斯·沃森，IBM总裁（1956—1970年）

有谁想听演员说话呢？

哈里·M.华纳，华纳兄弟娱乐公司（1927年）

我们不喜欢他们的声音，这种吉他乐队的形式即将过时了。

迪卡唱片公司拒绝甲壳虫乐队（1962年）

电视很难长期占有市场份额。人们只会对新买的电视保持最初六个月的热度，而他们很快就会厌倦每天晚上只盯着一台胶合板盒子。

达里尔·F.扎纳克，20世纪福克斯公司总裁（1946年）

所有能发明的东西都已经被发明出来了。

查尔斯·H.迪尤尔，美国专利局局长（1899年）

虽然上面的很多判断现在看起来都很可笑，但就这些判断而言，我们只有后见之明，并且只有站在一定的历史高度上才能看出自己犯了多么愚蠢的错误。

在本书的这部分内容中，我们将深入考察如何看待、解释自己所见，如何在自己所做解释的基础之上做出预测。之后，我们将自己的判断和决策建立在那些非常个性化的、有关万物运动规律的心智模式上。鉴于这些心智模式具有无形的特征，也因为其只是决策的一个方面，除非我们有后见之明，否则很难被自己或自己所决定的人排除，我们将这一过程称为决策的"秘密"。在不去揭开"这个秘密"的情况下，我们继续做出自己的决策，在某些情形下，这会给我们领导的团队和公司带来灾难性的后果。

不过，我们为了了解业务相关性和这些谬见给判断和决策质量造成的破坏，就更应该近距离地审视当今企业领导者需要应对的严峻挑战。我们将其称之为五个决策挑战。

- 增加战略透明度和连贯性（我们的使命是什么）：
  — 判断世界和公司的市场将通向何方，构建一个如何让公司重新定位自身的愿景。
- 挑选并组建合适的团队（谁会成为我们的队友）：
  — 确定（如果需要可以招募）可以将愿景变为现实的人才。
- 雇用利益相关者（谁能发挥作用）：
  — 全面了解公司的运作模式，公开且积极地动员利益相关者为了长期的共同利益而努力。
- 领导和推动变革（必须改变什么）：
  — 为了扫清成功路上的障碍，必须做出困难的决策。
- 防范组织风险（风险是什么）：
  — 以一种深入且具有实质性的方式来了解公司所面临的问题，确保公司实现可持续发展。

然而，在试图做出上述五个决策时，我们必须识别出发挥作用的"秘密"力量。这些力量几乎都是在无意识或潜意识水平上活动的，所以我们浑然不知其施加到所做选择上的影响。这很像一座冰山，无论是我们还是决策的接受者都看不到水位以下的"秘密"，我们的理解普遍都带有偏差。

为了方便起见，我们将这八种颠覆并歪曲判断的决策谬见做了汇总（详见表 i2-1），同时列出了与其相伴而生的风险（分为高、中、低三个级别，如图 i2-1 所示），这些风险提出了所有领导人必须做出的五种核心决策建议。在本部分的每个章节中，我们将借助从咨询实践中搜集的案例，对其做出详细分析，并帮助你有策略地反驳这些偏差，降低无意中可能卷入的决策风险。我们越早了解这些"秘密"的力量，越能胸有成竹地做出更聪明的选择和更好的决策。

表 i2-1　　　　　　　　　　认知偏差汇总和带给决策人的风险

章节	认知偏差	现实情况
3	对过去事件的准确记忆是我们做出决策的可靠资源	记忆可能会欺骗我们
4	我们越有经验，越会做出较好的决策	经验可能会给我们设个套
5	我们对结果越自信，越会做出较好的决策	乐观可能会遮挡我们的视线
6	我们越怕失去，越会做出较好的决策	恐惧可能更有害
7	我们的个人野心越大，越会做出较好的决策	野心可能会给我们带来意外打击
8	我们寄托在理念或人身上的情感越多，越会做出较好的决策	依恋可能会让我们误入歧途
9	企业文化或信念体系越强大，越会做出较好的决策	价值观可能会误导我们
10	我们的控制力或影响力越强，越会做出较好的决策	权力可能会让我们堕落

决策挑战	记忆偏差	经验偏差	乐观偏差	恐惧偏差	野心偏差	依恋偏差	价值观偏差	权力偏差
我们的使命是什么	●	●	●	●	●	●	●	●
谁会成为我们的队友	●	●	○	○	○	●	●	●
谁能发挥作用	○	●	●	●	●	●	●	●
必须改变什么	●	●	●	●	●	●	●	○
风险是什么	●	●	●	○	●	●	●	●

● 高风险
● 中等风险
○ 低风险

注：偏差风险水平与周边环境有关，并取决于人们的业务背景。因此，上述描述应当考虑环境的影响，并且仅仅作为指导性文字。

图 i2-1 认知偏差汇总和带给决策人的风险

　　尽管我们在每个章节中都对这些偏差做了单独介绍，但对选定的案例做阐释时，不应该把它们划入完全离散的单元，而是应该将其作为与复杂的方式相互关联的单元来考虑。

　　让我们现在就进入决策的秘密世界，开启探索之旅吧。

THE SECRET LIFE
OF DECISIONS
How Unconscious Bias
Subverts Your Judgement

03

记忆可能会欺骗我们

心理学家塔利·沙洛特（Tali Shalot）令人信服地向我们展示了记忆力有多么不可靠。在《乐观的偏差》（*Optimism*

挑战偏差：对过去事件的准确记忆是我们做出决策的可靠资源。

Bias）一书中，她详细介绍了有关 2001 年 9 月 11 日纽约恐怖袭击事件视觉记忆的研究。有个事实引起了她的兴趣：人们感觉自己的记忆就像录像带一样准确，而实际上，他们的记忆中充斥着错误。在恐怖袭击 11 个月后，全美进行的一次调查显示，对事件当天经历的回忆，个体与自己的最初记述（2011 年 9 月提供）相一致的仅占 63%。他们在对事件细节的记忆方面也很差，比如记错了航空公司的名称。甚至更有趣的是，他们对自己的回忆笃信不疑。那么，这些记忆中的错误从何而来呢？

我们的记忆并不是自己过去经历的精确复写。准确地说，记忆应该是由我们回忆时构建的，由逻辑推理得到用于刹那间重建过程的材料，其正好填补了我们遗失的细节，这些就是与最初的记忆和其他相关信息混合在一起的联想记忆。我们使用启发法或经验法则（我们对世界运行的理解）来追溯原始记忆的细节，而在我们回忆时，原始记忆掺杂着各种个性化的解释一起浮现出来。如果我们记忆中的信息有偏差，那么显而易见，我们基于记忆的判断也带有偏差。因此，我们必须动用某些明智且审慎的思维为那些基于回忆做出的决策纠偏。

这些带有偏差的重建过程并不仅限于个人经历，它们也蔓延在当今的商界中。

与记忆有关的偏差

我们"重新构建"的事件全景从来不会反映实际的事件。为了解释这一点，想请你做个简单的练习。闭上眼睛，回忆某个你经历过的令自己感到愉悦的场景。在你完成心中的情境再现之前，不要有任何动作。你看到自己身在其中了吗？大多数人的回答是肯定的。如果你看到自己在场景中，那么你肯定重新构建了这个虚拟场景，除非你在最初的经历中只是看着自己在场景中活动，但这是不可能的，对吧？

与一个事件相伴的感受以及我们后来附加到这个事件上的意义，都是回忆的重要组成部分。我们对于经历的记忆，如同一个我们用来感知这个世界的过滤器。同样，每个人也有各自的方式去回忆同一段经历。这就是为什么当一位高管遭遇了失败或挫折（伴随着气愤、痛苦、失望、悲痛等情绪）时，他可能通常会有选择地记住自己在事件中的经历，而未能从中汲取教训。他提交给自己用来"重建"记忆的都是作用最为突出的属性因子，比如运气或外部因素等。这样的心理策略能确保我们在特定的失败中不受惩罚。如果不考虑自己的动机，那么我们的回忆就是在让某件事发生改变，使其不再成为一个准确的事件。

目前，我们有关记忆歪曲的研究表明了记忆（不管是简单的还是复杂的）与解释的联想程度。事实上，从过去30年的记忆研究成果中，我们可以很明显地看出人们的记忆并不仅仅是他们所有经历的大集合，其中还要加上他们对自己经历的看法、别人告诉他们的事以及他们相信的事。我们将会看到，我们频繁地允许过往事件以一种自助的方式合理地"污染"了自己的记忆，并且具有同化记忆中的"事实"这种引人注目的能力，所谓的"事实"与"世界的本质是什么"这样普遍的概念都是一致的。

记忆与我们所做的每个商业决策都有关系。我们手头没有做出判断所必需的信息或数据，所以做出的许多判断都建立在记忆之上。因此，我们借鉴过去已经掌握并存储在长期记忆库中的信息，并认为这些信息与自己所做的判断相关。尽管记忆是一个重建过程，而且我们的回忆也受到很多偏差因素的影响，但我们还是对自己的记忆深信不疑。

今天，当我们检索并重建自己的商业记忆时，歪曲失真的信息可能会在没有明显外部影响的情况下悄悄潜入，变成一条条错误的信息。很多错误的信息都是以微妙的且我们经常不注意的形式出现的。当一个事件的证人在一起交谈时，当他们接受诱导询问或提示性询问时，当他们看到事件的媒体报道时，错误的信息便有了意义，并有可能造成记忆的污染。当然，这些并不是记忆偏差或记忆歪曲的唯一来源。我们将在接下来的章节里对各类歪曲的记忆做最全面的分析。

认知科学和对大脑的研究显示，我们的大脑活动离不开记忆，而且记忆是由三部分组成。

- **感觉记忆**——进入大脑的感觉信息在数秒钟内被接受并转换。
- **短期记忆**——指有限的短期工作记忆，多数有意识的思考活动均在此出现。
- **长期记忆**——指容量更大的长期记忆，我们在此储存概念、图像、事实、程序和心智启发（可以将其称作我们的认知工具箱），并通过一生的判断过程来获得它们。

此外，我们的记忆（短期记忆和长期记忆）受制于两个原则。

- **能力原则**——信息以相对有效的途径完成编码，这一过程就是减少或增加回忆的内容，也就是记忆力。
- **解释原则**——解码过程本身取决于附加信息的意义，我们持有的信息与被保留的信息之间也会有所关联。

换句话说，我们的记忆受到大脑可以保留多少信息，以及对那些事件（过往事件）所做解释的双重影响。因此，我们对事件的记忆、对其所做的解释以及对后续事件的推断都受到相关因素而非准确度的影响。我们所做的预测（我们的决策以此为基础）源自一个有限的、不可靠的且不完整的系统，这个系统正是由我们对自身经历的事件所赋予的意义而组织到一起的。

研究记忆的心理学家和认知科学家声称记忆之所以不准确的部分原因在于，负责回忆过往事件的神经系统可能并不仅仅是为记忆而进化的。这句话的含义是，神经系统不是一个旨在完美再现过往事件的系统，它最终会受到我们预测和预期的影响。在其重建的过程中，一些不"恰当的"细节被删除，而其他细节又被插入其中。

这些专家向我们表明，我们的记忆在很多方面具有可塑性，它是可以被歪曲并产生偏差的：

- 错误信息对回忆的影响；
- 情节架构对回忆的影响；
- 联想对回忆的影响；
- 情绪对回忆的影响；
- 自我认同对回忆的影响；
- 时序对回忆的影响。

伊丽莎白·洛夫特斯（Elizabeth Loftus）是记忆错误与记忆缺陷研究领域最卓越的专家之一，她从20世纪70年代开始从事人类记忆易谬性方面的研究。她的研究显示，记忆并不是准确的记录，而会受到后续加入信息和事件的影响，并按照这一过程中产生的偏差重组。她针对目击者证词所做的早期研究提出了几个问题：

- 当一个人看到一个犯罪现场或一起事故时，他的记忆有多高的准确性？
- 当目击者接受警官询问时会发生什么？
- 假如那些问题存在偏差该怎么办？

洛夫特斯的研究成果已经延伸应用到实验室外，她经常被请去做世界上一些最著名的刑事案件的专家证人（其中包括罗德尼·金被殴案、迈克尔·杰克逊案、波斯尼亚战争海牙审判和俄克拉何马城爆炸案）。现在，她是加利福尼亚大学心理学系和法学系教授。她令人信服地证明了我们的回忆和记忆都具有易谬性。那些回忆最终被作为证明有罪的证据，但在美国，很多此类案件都被后来的 DNA 检测证据所推翻，而其中一些案件的嫌疑人已经被监禁几十年了。

让我们更仔细地看一下这些与记忆有关的偏差吧。

错误信息对回忆的影响

（人们被动接受的）错误信息可能会导致人们错误地相信自己只看到了暗示的细节。错误信息甚至可能导致人们拥有非常丰富的虚假记忆，而这种虚假记忆一旦被接受，就有可能通过信心和丰富的细节表现出来。

洛夫特斯和其他专家的研究让我们看到，对一个近期发生的事件而言，简单也好，复杂也好，创造一个虚假记忆非常容易。人们在这些实验中使用了一套简单程序。参与者首先看到一个复杂的事件，比如模拟汽车事故。接下来，一半参与者收到有关事故的误导性信息，而另一半参与者不接收任何错误信息。最终，要求所有参与者尝试回忆事故的原貌。在这样一个实验中，参与者看到这起事故，而后来一些人收到来自控制十字路口车流交通信号灯的错误信息。受到误导的参与者得到有关停车标志的错误暗示，即他们实际看到的是一个让行标志。后来，当他们被问到自己记忆中在十字路口看到何种交通标志时，那些接受错误信息的人倾向于将其认为是自己的记忆，并声称自己实际上看到的是让行标志。那些没有接收错误信息的人则有更加准确的记忆。在该实验之后开展的大量实验显示，人们记得事故中有破损的玻璃，而实际上一块玻璃都没碎；事故中的一辆蓝色小汽车被当成了白色的车，等等。这些实验表明，如果一个人（在不知不觉中）得到了错误的信息，那么这种错误的信息可能以一种可以预见的、有时却强有力的方式改变这个人的记忆。

这一发现对于当今商业的影响非常关键，因为我们很多与信息有关的决策都以此为基础。假如信息的某部分内容不准确或不完整，我们当然不指望那些可塑性记忆能从歪曲的或堕落的回忆中将我们解救出来。另外，我们对回忆的过程中占据自己大脑的、复杂歪曲事件的本质缺少了解，所以有时并不能准确地指出风险，也不能缓解那些风险。

情节架构对回忆的影响

将错误信息传递给无戒备心的个人，这并不是记忆被歪曲的唯一方式。另外一种使我们的记忆可能被歪曲的强有力的方式是提出诱导性问题。

我们对于事件的记忆似乎会受到过往事件信息的影响，比如暗示或问题的架构方式。目击者的证词能很好地解释我们准确回忆的能力，它清楚地表明我们的回忆（尤其是针对事件违法信息的提问方式上）可能会受到的影响。

洛夫特斯在一个实验中让被试观看了一起汽车事故的影像片段，之后问了被试两个与细节有关的问题：

- 你看到有个车前灯坏了吗？
- 你看到那个坏的车前灯了吗？

第一个问题暗示着对是否有一只坏的车前灯存在疑问。在本实验中，我们可以看到，一旦有人提及有一只坏的车前灯，它便被整合到人们的记忆中，并时常被回忆起来；甚至当车前灯根本没坏时，人们也会产生这样的回忆。

这种架构效应已经被很多研究所证明，而且我们可以看到，它以非常微妙的方式发挥着作用。例如，当两辆汽车相互撞毁时，询问两辆汽车开得有多快。如果在询问中，把"撞毁"换成"碰撞"，或者把"接触"换成"磕碰"，这种措词上的变化也会对我们的车速估计产生很大影响。这证明，一个词语上的不同表述就有可能歪曲我们回忆的准确性，从而在根本上改变一个人的重建记忆。

这种暗示性架构对于当今的商业决策具有重要影响。也就是说，基于记忆的决策可能会因问题的架构或界定不同而产生重大偏差，有时会让毫无警惕的决策者做出欠佳的决策。

联想对回忆的影响

实验还显示，人们不仅仅能从自己听到的谈话中记住并储存句子，还会构建并记住大致的情节。人们将几条相互联想的信息整合到一起，但是很难知道哪些信息来自之前，哪些信息是已知的。这种重建过程经常受到我们附加到或联想到事件上的意义驱使。有时，这个过程还包括保护我们自己的成分，如我们的脸、自我意识或确保我们对生活的本来面目所做的自我描述相一致。我们将在本章的最后讨论这一现象。

在洛夫特斯及其同事开展的一个实验中，他们给被试看了一份迪士尼乐园为卡通明星兔八哥做的一则虚假广告。他们要求被试简单评价一下这则广告各方面的特色。有 16% 的被试后来声称自己（在迪士尼乐园）亲眼见过兔八哥。实际情况显然不是这样，因为兔八哥是华纳兄弟娱乐公司的角色，与迪士尼毫无关系。事实上，在那些记得见过兔八哥的人中，有 62% 的人说自己和它握过手，有 46% 的人说自己记得抱过它，而其他人则声称摸过它的耳朵或尾巴。一个虚构事件却有如此细腻的感知细节，它不仅成为人们记忆的一部分，还表明交换更为准确的、与创造该角色的公司有关的"联想分类"信息是多么简单。通常，其中一家是被牵涉到交换过程中的、与卡通角色打交道的公司，而另一家则是创造这些卡通角色的公司。

我们可以回忆一下自己参加会议时的情形。会议散场时，我们会根据讨论内容或做出的决定（来自参加同一个会议的其他人），而带着不同的观点离场。这种回忆通常会受到我们所做的联想的影响。与那些我们可能认为不关键的谈话相比，我们倾向以更准确的方式回忆自己认为关键的谈话。一些人将这种做法称为"选择性聆听"。为了回溯我们的记忆，我们在回忆时还叠加了启发法或经验法则，并对万物运行做出了一连串复杂的设想。这就是说，对于这样一个会议的回忆，我们会受到自己基于万物运行模式所做的联想的影响。它还意味着，我们不只会选择性聆听，还会选择性回忆。这就是为什么每次到了决策会议结束时，我们都需要特别留心一些重要的事项，以确保记忆和启发所造成的影响不会妨碍决策的完整性。

情绪对回忆的影响

我们会把欢乐和痛苦都与记忆联系起来，这也是导致偏差出现的一个重要因素，其经常被称作"凸显效应"。有时，这种凸显效应的作用程度极深，且发生得极为迅速。因此，我们通常很难描述产生这些感受的根源；相反，我们还有可能在没有清醒认识到产生此类恐惧根源的情况下，因其上次带给我们的痛苦和本次有可能带来的痛苦而不假思索地疏远某事。在其他人看来，这种反应可能看上去完全不理性。

研究显示，虽然我们有改写历史的倾向，以至于随着时间的推移，过去那些令人痛苦的事在逐渐淡化，我们曾经经历过的欢乐的事却经常得到美化，而消极事件则更具有显著性。这就是说，我们更多或更频繁地记住了消极事件（而不是积极事件），从而导致过高估计了此类事件的发生频率和可能性。简而言之，如果一位高管以一种有过先例但效果不佳的方式挑战 CEO，比如 CEO 持观望态度并听之任之，那么与这次事件有关的创伤和痛苦记忆就有可能被回忆起来并得到强化。在接下来的角色演化中，那位高管将下意识地（从观察者的角度看是非常不理性的）与带有任何个人风险或职业风险的情形保持距离，甚至当其有这样做的充分理由时也会变得谨小慎微。事实上，在自我保护的驱使下，过往事件令人不快的记忆甚至可能会导致个人风格发生持续性的改变。不过，虽然我们都有自保的心理，但记忆的显著性会导致这位高管在心里夸大风险和消极的一面，让自己的决策因附在记忆中的创伤处而出现偏差，这与当我们审视自己的技能、责任和成就时所持的更加乐观的观点或偏差背道而驰。我们将在第 5 章中对这部分内容进行详细分析。

自我认同对回忆的影响

对于我们创造自我认同和自述历史的能力来说，记忆至关重要。记忆研究显示，自述记忆很少是静止的，而会随着时间的推移不断演化。事实上，我们的某些记忆会随着时间而修改，这样便可以在叙述记忆时创造一个新的转折或一条几乎全新的故事主线，从而确保其与"我们是谁"及"我们代表什么"等方面的信念保持一致。

记忆不只给我们讲述过去，还会在目前以及预期的未来指导我们。我们通常把记忆看作自身拥有的东西，而并不是像身份那样可以改变的东西。但就像哥伦比亚大学临床精神医学教授埃塞尔·珀森（Ethel Person）博士所揭示的，我们的记忆是鲜活的、可以呼吸的并会发生变化。她研究了信念更改记忆的方式。她在自己的研究中论证了我们如何经常重新解释对重大事件的记忆（尤其是为了自己的需要），以便讲一个有关自己的"好故事"。例如，为了响应一次并未实现的离婚或一次升职，我们可能会重新编辑自己的记忆。珀森博士还证明了在记忆被重新编辑的过程中，现在的我们如何珍视过去被自己贬抑的东西，或如何贬抑过去被自己珍视的东西。此外，我们以这种方式把自己现已离婚的妻子或丈夫留在记忆中，为了在想象中与自己现在所处的状态相匹配，我们记住发生了什么。我们以同样的方式记住一个与工作有关的主要情节时，比如一次由我们主导但并未实现预期价值的商业收购，我们有可能会经历一次微妙的重新解释，插入一些信息并抛弃一些其他信息。这样，我们对于自身能力的信念依然是完整的。

在工作场所中，我们对于事件的回忆可能会受到自己在组织中的作用以及希望如何被他人看待等信念的影响。因此，一位领导人可能会根据自己希望被感知的程度而颇具想象力地重新解释自身存在的价值，当其被告知组织不再需要自己服务时，就会感到非常惊讶。事实上，谈到此类事件的后续进展，个体可能通常会重新解释是自己导致了事件的发生：因为他相信，自己已经到了迎接一次新挑战的时候，或者正在考虑离开的计划等。所以无论如何，都是他自己首先迈出了第一步。这就是说，为了确认我们的信念，也是为了内在叙述的需要，我们会为自己回忆的事件赋予合理性。

为了支持我们的自我价值和自己的信念，我们会定期有选择性地把过去的经历粘贴到对事件的记忆中。

时序对回忆的影响

事件的时序（尤其是我们将要看到的新近事件的时序）也会给我们的记忆带

来偏差。在一系列需要你耐心做完的事情中，比如举行发布会或接受采访时，"初始效应"便是你看到的最早施加给自己的刺激所产生的影响。与此同时，"新近效应"与你看到的最后施加给自己的刺激所产生的影响有关。在不同情境下，一个刺激的初始影响（通常称为"第一印象"）可能比新近效应更重要，反之亦然。而且，虽然这种影响似乎呈反向对称分布，但研究显示，促使它们发生的原因各不相同，而且其所造成的影响也可能大不相同。

虽然这些效应可能看上去只不过是一些与记忆有关的趣事，但它却可以对决策产生显著的影响。我们会考虑到呈现给决策者的信息是否简洁以及持续多长时间等因素，它们都会造成不同的影响。此外，如果决策过程属于序列结束决策或阶梯式决策，那么其所承受的影响也会有所不同。也就是说，这种影响并不是固定不变的。如果快速呈现在我们面前的是大量复杂的信息，我们便没有时间做出阶梯式评估，而只能将判断和决策留到最后再做。与此形成对照的是，决策者渐进地做出评估，逐渐会形成一个建立在每个固定判断之上的观点。在后一种情形下，提供给我们的最近的信息似乎会起到更加显著的作用。

不过研究显示，当应对长时间的采访或发布会时，不管我们是否做出评估，都有可能产生初始效应。因为我们会在精神上逐渐变得倦怠，而只依靠我们对特定候选人或发布人的第一印象做出判断，这种状态就占据了上风。

作为私人投资者，将参加为期一天、由任务目标主要执行人员举办的一场复杂的管理发布会。除非你在整个发布过程中一直在做判断，否则最后的发布很有可能会产生持久的（积极的或消极的）影响。很显然，这种做法将歪曲针对目标及其参与者所做出的判断，并有可能在尽职调查阶段后严重影响到你决定采取的方法以及那样做时应具有的警惕性。

记忆对决策的影响

我们将讲述两个真实案例，旨在证明记忆对决策过程所造成的影响。基于一些显而易见的原因，为了保护隐私，我们在尽量准确再现这些场景的同时，也对案例中的细节做出一些改动。

案例一

　　彼得信心满满地离开了会场，他觉得自己最终确保签署了实施战略，该战略可能是公司在数十年间做出的最为关键的投资决策。这是一场艰苦的、冗长的和令人乏味的辩论会，但彼得很满意，他的实施计划已经获得了管理层的认可。令其释怀的是，1.5 亿美元的 IT 基本建设预算作为一项重大改革措施，最终获得了应有的关注。这是公司迄今为止所做的最大规模的单笔基本建设预算。CEO 很清楚，虽然这个项目决策带有风险，但如果自己不能实现所承诺的成本和收益，尤其是如果公司由来已久的系统问题不能很快得到解决，那么公司将会被客户抛弃。在他心里，必须为这个项目做出好的决策。他期望彼得能不负众望。他也认识到，公司过往非常糟糕的投资经历（投资回报率为负，而且让公司无暇顾及重大的市场问题）已经给董事会乃至对这项新投资根本不信服的市场主管们的立场造成了非常负面的影响。CEO 意识到，彼得将面临改变同事们心态方面的挑战。

　　在这次为期一天的辩论会之前，彼得已经与自己的同事们开展了几个月的"艰难"对话。特别是市场主管们会认为，这项规模空前的投资已经限制了他们从集团争取发展资金或从各自主管市场小规模增补收购资金的能力。他们还经常提到过去类似投资失败的故事。此外，彼得感到，在讨论过程中，他似乎被向前推了一步，紧接着又被向后推了两步，而且在其记忆中不断有谅解和协议被反复推倒重来。虽然彼得编制了详细的商业计划书，但市场主管们认为，彼得在计划书中针对他们所处的特殊市场的论述并不能完全令人信服。虽然彼得的商业计划书受到了质疑，但他感到，这些市场主管们并未像自己所希望的那样抽出必要的时间，帮助自己详细估计新技术平台为特定市场带来的潜在收益。尽管如此，由于有 CEO 的支持，彼得还是从各部门获得了自己需要的数据，并最终在董事会会议之前敲定了潜在的收益数据。董事会的基建费用会议开得很顺利。于是，彼得趁热打铁，动用团队资源，就实施战略和计划向市场主管们进行汇报。

这次全天候的会议的主旨是动员彼得的同事们签署这份实施计划。在本次会议期间，彼得感到，在董事会会议前已经讨论过的问题又被重新提起，并引发了多轮辩论。虽然 CEO 把这些问题放在会议开始前讨论，他很高兴地看到在会议结束时，实施计划的所有关键环节都已达成一致，不过他还是不太放心。

在董事会会议结束之后，经 CEO 同意，彼得将关键决策和已通过的下一步操作做了汇总，将会议纪要分发给所有同事。他仔细斟酌会议纪要中的词句，确保没有夸大会议结果，并力求接近会议当时的情境；同时，他参考了之前做过的所有决策过程记录，其中也包括某些关注点。考虑到这次改革的复杂程度，他可以预料公司会做出多重决策，包括从正式选定技术合作伙伴或供应商开始、同意（实施计划）三步走的表述和会议开始与结束的时间安排。此时的彼得终于放松下来，他知道，自己可以让这一进程尽快启动了。

当彼得发出一份通知同事们着手选定供应商的跟进文件，以及一份督促各部门为改革项目提供承诺资源的提醒单之后，他意识到，问题出现了。领导最大部门的约翰回复邮件暗示，考虑到最终文件截至目前仍未被签署，彼得安排供应商的行动有些欠妥。此外，他提出，在董事会会议上，他记得已经同意将项目内容归入董事会业已批准的资本性支出类别下，所以自己并不需要在实施计划上最终签字。在这封邮件中，约翰表明了自己的态度：虽然他明白，安排供应商是几个后续步骤中的其中一步，但只有每个人都同意推进这个项目后，该步骤才能实施。他再次提醒彼得，之前类似的投资因未能达到承诺的效益都以失败而告终，并且给公司和客户造成了很大损失。

彼得感到大吃一惊，立刻带着一份会议纪要走进了约翰的办公室。他想知道，他们是否真的参加了这次会议！约翰怎么能糊涂地认为本次会议的主题是讨论项目范围而不是讨论实施计划呢？他最为担忧的是，在某种程度上，已经达成的会议决策可能会重新引发辩论，这些对于传达董事会层面的预期、协议和时间安排来说不具有建设性且没有效果。而且他想知道，约翰是否在拒绝接受现实。

彼得的决策偏差

彼得在试图推进这个改革项目时经历了长时间的拖延，并且一直在焦急等待着决策被"全体通过"的信号。他本来认为决策已被确定，但现在却面临着重新解释会议结果的问题。他坚信这个项目对公司而言无比重要，但正是这个信念，让他没有充分重视到显而易见的障碍。显然，约翰对于会议结果或项目本身没有更高的情感依恋，他对确定的会议决策产生了不同的回忆，从而在决策范围和决策实施上出现了很大的理解偏差。彼得在看到约翰的邮件之后转而认为，约翰在接受已通过的后续步骤时多少有些不理性和蓄意阻挠。毕竟，约翰知道董事会已经批准了这个项目。这个案例中出现的偏差在很大程度上源自对确定的决策产生的不同回忆，并转而在事件重建过程中受到不同附加意义和预期的微妙影响。

什么样的决策会产生一种不同的、颠覆性的结果

彼得应该认识到，我们对于事件的记忆是一种重建的过程，它不仅在潜意识中受到我们想记住的东西、适合我们的目标和优先顺序、我们的信念、结果的显著性以及新近事件等因素的影响。一个处于彼得位置的优秀决策者（热衷于操作董事会委托的项目）应该非常重视最终会议的准备过程。考虑到投资失败的历史教训，应该有人建议彼得回溯过去，用更加客观的态度来回忆那些失败的项目。彼得应该努力证明现在的项目与过去的有很大不同，让市场主管们更加准确地把握各种在历史投资中表现不佳的因素，并将提取目标学习作为重新架构新投资项目的方式。彼得可以花费更多时间来了解自己以及市场主管们存在的偏差。彼得还可以组织同事们参与集体活动，让他们表达自己的恐惧和焦虑（吐露自己的心声），给每个人提供一个详细描述自己做过的"最可怕的梦魇"的机会。之后，他与每个详细说出自己"心魔"的人共同提出一个消减风险计划。此外，为了警惕选择性聆听以及由此产生的选择性回忆，彼得还可以对最终会议的结论区别对待。在会议结束之际，占用点时间梳理一下所有的关键决策（而不是依靠会后的会议纪要），那些决策的后果、有冲突的或不和谐的观点都将有摆上桌面继续讨论的机会，并且还有得到解决的机会。我们应该认识到，并不是他一个人依赖于特定的结果（正如其他人依赖于不同的结果一样），所以不该感到奇怪，每个人都有符

合自己心意的不同回忆。为了防止会议议程或过往失败项目（会为系统带来不必要的杂音）的回忆对做决策产生偏差，开展这样具有高风险的决策会议理应遵循"更严格"的程序。

案例二

Acme 公司的高管萨莉和比尔与本公司最大的客户之一——Triforce 公司建立了良好的工作关系。他们正准备与 Triforce 公司的 COO 约翰召开年度客户计划会议，而且此前，他们已经会面过，并为这次会议达成了若干共识。

Acme 公司已经和这位客户合作了几十年，其间，Triforce 公司换了几批 CEO，也经历了好几轮经济周期，但因有共同的创新理念和行业内的领导地位作为支撑，Acme 公司一直与这位客户保持紧密的关系。Acme 公司并未刻意寻求利用这种忠诚度，而萨莉（市场推广总监）和比尔（销售总监）也非常努力地承担着 Triforce 公司近几年承受的竞争压力。由于这位客户非常重要，萨莉和比尔一直与其团队成员保持着密切联系，以确保 Triforce 公司的客户得到重要的示范体验，并给予其应得的优先权。

不过在全球金融危机之后，情况发生了变化。Triforce 公司高管团队内部日益关注着公司的战略选择，并且正在进行一次重大的内部战略评估。

在年度客户计划会议上，双方对过去一年的市场销售和市场推广情况做了回顾，并对来年的预测展开讨论。Triforce 公司的 COO 约翰重申，他和公司的 CEO 都将继续重视与 Acme 公司的关系。他特别指出，自己极为推崇 Acme 公司作为行业创新领导者所持有的长期信誉，而这也为保持与 Acme 公司的关系增添了强大的推动力。因此，他特别提出与 Acme 公司的合同关系应该再延长三年。这是一个略显冗长的会议，其中有对销售收入预测的讨论、争议，也有为了应对采用不同商业模式而特别莽撞的新入市者所达成的竞争策略共识。总体来说，这次会议开得较为顺利，而且约翰再次重申自己看重这些讨论的战略内涵。在会议总结阶段，虽然约翰并未做出特别明确的表态，但他谈到，Triforce 公司在市场发展的几个方向上都感受到了成本带来的压力，并暗示公司可能会在接下来的几年里做出某种程度上的权衡取舍。他表示，Triforce 公司正在进行自己的战略评估，在目前这个阶段，他无法更加明确地说清。

在回办公室的路上，萨莉和比尔（他们都感觉会议开得很好，并想着着手制订计划）约定在本周晚些时候再次会面，并汇报双方团队的工作。这项工作将确认由约翰提供的预估需求量，并以此为基础确定定价建议及收入测算。

几天后，在萨莉和比尔的碰头会上，形势很快便明朗化：他们的看法正好相反。"比尔，我不能相信你已经接受了他们的定价策略。当初我们会面时，约翰花了很长时间告诉我们，他们非常看重我们对创新的承诺，并将公司的成功寄托于此。但是在这个价差下，我们无法继续完成产品的创新，并继续保持自己的市场领导地位。难道你没听到约翰反复强调非常重视我们产品的领导地位和创新能力吗？这样做会让我们倒退到与竞争者相似的境地，你知道的，他们一直都缺乏市场竞争力。我真不相信这是出自约翰的本意。"萨莉情绪激动地表示道。比尔回应道，虽然这确实是约翰发出的一条重要信息，但他清楚地听到，价格已经成为最重要的问题，而且公司也确实准备权衡和 Acme 公司的关系。比尔指出，市场动态已经发生了改变，像 Triforce 公司这样的客户因受成本因素和定价因素的制约将会离 Acme 公司而去。"我们必须把成本降下来，这样我们的产品才会在价格上有竞争力。"比尔反驳道。虽然萨莉承认，产品在价格上必须要有竞争力，但她相信，比尔没有选对客户关注的重点。在她看来，客户确凿无疑看中了 Acme 公司所具有的领导者地位和创新能力，所以他们坚持让 Acme 公司继续创新和引领行业发展。她认为，价格只是需要考虑的一个因素，但并不是一种推动力。

她很想知道，长期以来，就 Acme 公司相对于 Triforce 公司的竞争优势问题，她与比尔对此都持有相同的看法。为什么在这次会议之后，比尔的态度就发生了 360 度的转变，而站在了完全不同的立场上？

萨莉和比尔的决策镜头

萨莉重点关注并回忆了自己认为会议中对 Triforce 公司来说非常重要的事。由于所有的记忆都是一个重建的过程，因此比尔也在回忆在自己看来非常重要的事。销售总监看重的是利润，所以对于比尔来说，价格无疑是重中之重。在客户计划马拉松会议将要结束时，Triforce 公司突然提到了价格问题，虽然问题提出的时间很短，但比尔立刻紧盯上了这条线索，而将有关 Triforce 公司切实得到优先权的其他线索搁置一旁。虽然比尔和萨莉共同经历了同一个事件，但他们对事件不同方面相对重要性的认识存在差异，而这种差异源自他们选择如何重建该事件。在本案例中，无论是显著性还是新近效应都在其中有所体现。比尔和萨莉在参加的这次客户会议上做出的不同推断，将会对他们之后做出的决策倾向产生实质的影响。这种现象常被称为"标准偏倚"。除非他们接受各自的市场营销和销售理念，知道这种理念上的差异可能会影响到各自的看法和对于会议的记忆，并能在会议得出的差异性推断和设想的问题上求同存异，否则他们不太可能共同做出一个睿智的决策。然而，虽然他们意见不一致，但都有可能忽视一个更大的问题，即 Triforce 公司现在是一个活动目标，对 Triforce 公司而言，创新和价格似乎都是关键的要素。不论萨莉和比尔在这次会后产生了怎样不同的回忆，也不管他们各自关注的问题具有怎样的相对重要性，他们都需要找到一个可以接受的共同点，以便做出富有竞争力的回应，并留住 Triforce 公司这个客户。

什么决策会产生不同的、富有戏剧性的结果

当人们面对不同的回忆及其存在的潜在局限性时，重要的是欣赏"和"的价值而不是"或"的价值。就现实而言，毫无争议的事情极其罕见，我们每个人都会把自己的实际情况带入到一系列事件中。在参加一个日程复杂且时间紧张的工作会议时（如这次 Triforce 公司的会议），为了避免与会者对最后一件被提及的、达成共识的或被讨论的事过分重视，萨莉和比尔应该在会前多花些时间讨论，达成一致观点。在这样一个预备会议上，人们已经对单独（功能性的）过滤器进行了透彻的讨论，通过这个过滤器，他们将各自思考 Triforce 公司的优先顺序问题。例如，市场推广人员很自然地会把注意力放在品牌和价值定位上，而销售人员将更多地关注销售状况和销售收入。这样一个会前讨论过程可以帮助他们提升意识和警惕性，防范他们可能出现的选择性聆听和由此而来的选择性回忆。他们应该事先达成对公司定位（而非各自的功能性定位）的清醒共识，承认自己存在不同的"世界观"并做出必要的调整，以便以一种更加平衡的方式展开会议议程。此外，为了在此类竞争性的优先顺序问题上提出清晰的指导意见，在 Triforce 公司的会议上，主动提出创新与定价的平衡关系（以及其他平衡关系），并适当准备一些向约翰提问的问题才是明智的做法。这样一来，他们便不必各自"填写"或一起"回忆"会议，而且避免自己成为揣测 Triforce 公司需要的"事后诸葛亮"。

▶ 认知偏差的危险信号

当你看到下述情形时，你能知道记忆在什么时候会让决策过程出现偏差：

① 尽管每个人经历了同样的事件，但他们在回忆时会出现偏差；

② 在决策中有重大得失的人会重新梳理事件；

③ 很显然，人们通过选择性聆听和选择性回忆来重新解释会议结果；

④ 会后的决策与会上争执的问题不一致；

⑤ 不称心的事件发生之后，会出现粉饰合理性的倾向；

⑥ 使用特殊的方式梳理一个事件，从而影响他人回忆该事件时的准确性；

⑦ 当一系列按顺序发生的事件（例如系列采访或发布会）即将结束时，在一个人、一个想法或一种情况被赞成或不赞成地评估／考察过程中，小组成员间会产生分歧；

⑧ 很显然，在某一特定情形下，有人在完全非理性地避免某种情况或机会的出现，且不能通过更加显而易见的事实或信息给出解释。

▶ 重塑决策思维

为了消除回忆或重建记忆的不准确性所造成的影响，我们建议采用以下成功策略。

反思心态

- 特别警惕基于记忆的判断，要求落实作为判断基础的数据或信息。
- 识别"痛苦"过滤器，以及我们如何对与记忆失败、挫折和困难经历有关的事件做出情感上的反应。
- 挑战对之前事件的回忆，以确保其不受你希望被看到 / 被感知或受自己观念的影响。
- 仔细考虑所有情感上的联想，不管它们是清晰的还是模糊的，都有可能影响你或其他人回忆某一特定的事件或系列事件。
- 挑战你或他人如何毫无偏差地制定一个基于记忆的决策。

反思参与者

- 识别其他人何时正在选择性聆听（它经常是选择性回忆的源头），并确保每个人对所有相关问题都给予应有的重视。
- 如有必要，重新给关键参与者分组，以确保其能够一起分享相关历史或历史事件。
- 校正——请教他人对事件或情形的回忆，获得足够的数据，并用自己的观点校正那些观点，以确保那些事件回忆毫无偏差。

反思过程

　　每次会议结束前，向与会者提出"我们决定的这些事，大家都同意吗"之类的问题，记录获得通过的议题。

　　使用以下四点内容，强化你的会议总结能力：

1. 我们已经做出了哪些决定；
2. 我们为什么这样决定（确认共享基本理念）；
3. 决策的后果是什么；
4. 我们如何在会议室之外进行沟通（确保只有一个声音）。

　　在做出决策之前，对记忆回忆的易谬性发出简单的预警。

　　经历了一系列冗长的发布会或采访之后，当你需要做出决策时，最好一步步地做出评估和判断，而不是最后一起做出判断。

THE SECRET LIFE
OF DECISIONS

How Unconscious Bias
Subverts Your Judgement

04

经验可能会给我们设个套

我们的每项新发明，都始于对已存在的事物的不满；已存在的事物中经常充满了过去的经验，这些经验有可能让

> 挑战偏差：我们越有经验，越会做出较好的决策。

我们深陷困境。詹姆斯·戴森（James Dyson）及其所具有的创造力这样的正面例子少之又少。空调市场一直被伊莱克斯（Electrolux）和胡佛（Hoover）这样的家电巨头所瓜分，而且相关领域的基本设计原则已经保持将近一个世纪不变。那么，戴森是如何改变这样一个市场的？

在前后历时五年、试制 5127 台各型样机并遭到所有大型家电厂商的拒绝之后，戴森终于发布了 Dyson DC01——世界首款无袋真空吸尘器。它引入了 G Force 双气旋技术，为真空吸尘器市场带来了一场革命。或许，在婉拒他的报价时，那些大家电厂商希望自己可以保住每年通过销售集尘袋获得的五亿美元销售额！无论如何，他们似乎无法跨出自己对于家电的固有思维方式。戴森自此创造

了一笔价值 16 亿美元的大业务。他的理念就是打破定势。

所有这一切都始于 1978 年的一天。戴森在翻修自己位于英格兰科茨沃尔德的住宅时，突然萌生了这个想法。他的吸尘器总是用不了多久便会失去吸力，他对此颇感懊丧。这是集尘袋的一个设计缺陷，然而，真空吸尘器已经这样设计使用了 100 年。据说，戴森在思考这个问题时，做了数千台原型机，并最终研制出使用离心力（而不是使用集尘袋）将灰尘和空气分离的真空吸尘器。目前，戴森吸尘器已经占据了全世界 23% 和英国近 40% 的市场份额。

戴森认识到，真空吸尘器吸力减小，并不是因为集尘袋中的尘土量，而是因为这样一个事实：尘土颗粒很快堵塞了集尘袋的孔隙，并限制了气流。此外，常规真空吸尘器的出风口会受到集尘袋中吸附的污物污染，并让吸尘器内比房间内的空气更肮脏、更难闻。集尘袋本身的匹配与更换也是个问题，它们在吸尘器内可能会错位和撕裂。多年以来，大量消费者一直在抱怨这个问题，但都是简单地将其视为真空清洁技术所固有的问题。在戴森吸尘器出现之前，产业巨头们一直没有回应这些消费者提出的顾虑或抱怨。

作为一个多产的打破定势者，戴森并未止步于发明无袋真空吸尘器。他很快又发明了无叶风扇、加热器和其他家用电器。有人认为，如果他的想法真的有用，那些大家电厂商早就开发出这些电器了。胡佛公司确实曾在 1999 年试图模仿制造无袋真空吸尘器，不过戴森诉诸法律保护了自己的发明，并最终打赢了专利侵权战。

那么，为什么戴森能成功地改变家电市场呢？要知道，这个市场几十年来都没有看到任何变化。首要原因不仅在于他卓越的轻量化工程设计和产品的创新设计，也在于其为挑战传统经验所付出的努力。尽管他那些"超前时代"的发明市场定价较高，但却让消费者感到自己获得的是一款颇具创意且拥有强大竞争力的全新产品。

"坚持不懈和不要盲从'专家'的建议，"戴森说，"听取总唱反调人的意见并不能帮你形成自己的想法。你应该通过实验和错误发现自己发明中存在的问题，并用创新思维和严谨的科学消除它们。挑战惯例并创造某种新东西是所有发明或事业起步的动力。不走寻常路。"

他打破定势的能力让自己的产品在博物馆中有了一席之地。现在，戴森的产品在全世界的博物馆展出，其中包括伦敦维多利亚和阿尔伯特博物馆、旧金山现代艺术博物馆、巴黎蓬皮杜中心以及悉尼动力博物馆——这些都是他拒绝将自己的思维束缚在现有产品经验中的明证。

戴森并非唯一的打破定势者，各行各业都有"戴森"，他们拒绝成为经验偏差的牺牲品。

与经验有关的偏差

各种定势很难被打破，尤其是那些我们已经拥有历史经验并逐渐将其作为可信赖的"经验法则"或启发法的定势。它们让我们的生活简单化，我们依靠它们识别各种征兆：我们所患的不是普通的感冒；我们看到天上那种雨云，意味着出门时务必带伞；我们看到不景气的销售数据，意味着产品正在失去吸引力；我们看到疲软的市场份额，暗示着投资者正在把资金转移到自己认为更安全的领域。

我们在第 3 章中考察了记忆以及重建记忆的回忆如何让我们的决策出现偏差。在本章中，我们将通过案例考察自己的经验——我们经历了什么，以及从经历中学到了什么——如何在决策过程中扮演一个重要的偏差角色，以及在某些情形下限制和束缚自己思考的质量。我们通常认为，经验是一个好的推动者。我们要挑战这种设想。

我们受到此前为自己所用的事物的影响。即使之前做过的事可能不符合目前的情境，我们也总是希望重复这种成功。我们中的大多数人都是定势的追随者，这些定势变成了我们应对日常挑战的过滤器。

许多这样的过滤器都在其专业学科中有一定基础，我们接受过这方面的训练或积累了相关的专业技能。你是否经常听到有人以"统计专家"的名义来做生意，或以工程师的眼光来观察世界？局限于我们的专业和所依赖的条条框框，我们看到的是一个过滤之后的世界。这并不是一个普通的问题，除非我们接受一个条框来主宰自己的思维，让我们只在一个很窄的范围内感知世界，进而做出同样具有很大局限性的各种决策。一个 CFO 应专注于一项业务的成本杠杆，而不是与现场主管们共同努力推动营业收入增长（收入杠杆）；一个风险管理经理应专注于为什么某项交易不能做，而不是在可接受的风险因素下专注于某项交易能做的方式。这两种倾向不过是我们先前训练如何引导自己做出近乎无意识的本能反应的例子。在上述例子中，无论对于 CFO 还是风险经理而言，都要求他们通过自觉的努力和运用更多的经验，抛弃在职业生涯初期形成并巩固的定势。不过，先前的训练（我们通过训练获得的思维方式）不仅仅会导致定势的出现，经验也会起到一定作用。

我们举一个很浅显的例子，那些只在成熟市场中工作过的领导者，他们非常熟悉和了解与成熟市场相关的商业模式。然而，他们可能无法深入了解存在于新兴市场的基本差别，以及这种差别对成熟市场商业模式的影响。也就是说，他们凭借长期经验透过成熟市场的镜头来观察事物，这将对一位市场领导者所追求的策略启示造成深远的影响（如在财富管理方面）。在像欧洲这样的成熟市场中，财富保值策略的作用更大，而且身处这种环境的大多数私人银行家已经在客户财富保值策略方面拥有娴熟的技能。如果你把作为私人银行家的市场经验照搬到亚洲这样的新兴市场（那里的人们关注的是财富创造，而非财富保值），那么他们就会通过这种可能导致偏差决策的"专家过滤器"来观察世界。

如今，很多公司正以一种更加结构化的方式利用这些"局外人"的洞察力。礼来公司（Eli Lilly）的 InnoCentive 网站便是这样的例子。InnoCentive 作为一个众包网站，专门张贴该公司最为棘手的研发问题供人们解决并获得物质奖励。它的初衷是在公司雇用的人员之外，通过笼络更多的创新人员来扩大该公司的智囊团。颇为有趣的是，有 30%~50% 张贴在 InnoCentive 上的问题能在六个月内得到解决。也就是说，与正常的研发路径相比，这一步明显迈得很大，而更有趣的是解决问题的过程。大多数问题都已由该领域外的专家解决。例如，化学问题由物理学家解决，工程问题由化学家解决等。这些进一步证明了创新专家一直以来奉为真理的信条，"局外人"虽不是公司内部的人，但却能很好地思考公司内的事物，因为他们很少受到"常识"或某个特定专业领域内的教条束缚。

让我们近距离观察一下思维定势的形成和打破定势的技能，打破定势对于我们在一定程度上避免落入过往经验的陷阱具有深远的影响。

两种有效的认知过滤器会影响带有思维定势的行为：

● 我们的微过滤器；
● 我们的专家过滤器。

我们的微过滤器

微过滤器的操作比专家过滤器的更难。虽然专家过滤器源自我们以专业知识为基础并通过工作经历积累起来的复合体系，但微过滤器却与我们的"基础"智能（打个比方，如我们的认知原材料）有关。之后，更为复杂的专家过滤器会叠加到我们的微过滤器之上，创造出复杂的过滤网，并通常以决策者没有察觉的方式工作。

两种认知过滤器都会影响我们对定势的看法。例如，为了确定一个被呈现出来的思路有多大的说服力，在认知导向上更有逻辑性的人可能会将注意力集中在其数学计算或逻辑上。从另一个方面讲，那些通常以人际关系为导向的人可能会敏锐地观察提出思路的人微妙的特殊习惯和非言语行为，以确定其思路的可信程度。

长期以来，我们相信只有两种"基础"智能，我们所有充满智慧的决策都是通过它们做出的——即数学逻辑思维和语言思维。然而 1983 年，哈佛心理学家霍华德·加德纳（Howard Gardner）向我们展现了一个更为全面的智能理论，新理论抛弃了只有两种智能类型的认知。他提出了各种特定类型的智能，而不认为智能只受到单一普通能力的控制。他的理论不仅明确了属于"基础"智能的七种智能，还确认我们可能都拥有一种或多种占主导地位的智能。它们反过来表征了我们拥有独有的"微过滤器"，并以此来观察并响应自己周围的世界。

- **空间智能**——通过意识之眼将空间想象出来的能力。空间智能强的人擅长智力游戏，当进入一个不熟悉的城镇时，其他人可能会彻底迷路，而他们则会很快找到正确的路径。艺术家、设计师和建筑师的这种微过滤器是高度发达的。

- **语言智能**——文字和语言的能力。语言智能强的人通常擅长阅读、写作、讲故事、记忆数据和轻松学习外语。最匹配这种智能的职业是作家、演说家和说书艺人。

- **数学逻辑智能**——与逻辑、推理能力、识别抽象图案、科学思维和调查有关的能力以及进行复杂计算的能力。象棋棋手、科学家还有上文提到的统计学家都能熟练掌握这种微过滤器。

- **身体运动智能**——与控制人的身体运动有关的技能，包括良好的眼球协调性之类的时机选择以及经过训练变成条件反射的能力（有时也被称为强大的肌肉记忆）。也就是说，身体运动智能发达的人通过自己的身体记住事物。顶尖运动员、飞行员、舞蹈家、音乐家、演员、外科医生和游戏玩家通常都有高度发达的身体运动智能。

- **音乐智能**——与对声音、韵律、声调和音乐的敏感度有关的技能。音乐智能强的人具有良好的音高、韵律、声调、旋律和音色等，能演唱、演奏乐器并轻松作曲。适应这种智能的职业包括乐器演奏家、歌手、指挥、DJ、演说家、作家和作曲家。

- **人际关系智能**——与人与人之间的交往有关的技能。那些拥有较高人际关系智能的人通常性格外向，表现为对他人的情绪、感觉、脾气和动机非常敏感，无论作为领导者还是追随者都具有说服他人并与他人合作的能力。销售人员、政治家、教师和社会工作者通常会在这个微过滤器上表现出较高水平。

- **自省智能**——与内省和自我反思能力有关的技能，表现为对自我或他人的优点和缺点具有深刻的理解，并娴熟地预测和控制自己的反应和情绪。神职人员、心理学家、咨询师和哲学家经常会表现出此类天分。

上述 7 种智能中的每一种都在某种意义上代表了一个具有最基本水平的认知

过滤器，它类似一个为观察这个世界提供不同视角的微镜片。如果两个人使用不同的过滤器，他们对相同经历的解释将会很不同。虽然我们可以看到这种差异可能为创新和创造性结果带来巨大的机会（尤其是当我们共同解决一个问题时），但其也存在各种错误交流、误解乃至功能障碍。

如果运用得当，这些过滤器将会为我们打开通往创新世界的大门，尤其是在得到专业知识助力的情况下（参考下面将要介绍的专家过滤器）。从全世界每天出现的大量不经意间的创意可以判断，这些过滤器具有潜在筛选出变革想法的能力。从茶袋和青霉素到即时贴和盲文系统，它们都是从过往形成的知识体系和专业知识中偶然游离出来的。更有趣的是，我们从很多这样的例子中可以看到，是终端用户或消费者发现了有关用途的新想法——这进一步证明了我们依然被严重限制在自己的认知世界里，有时，我们需要一个"外来的"观点来消除偏差，并释放出自己的创造力。

我们的专家过滤器

除了根植于我们"基本的"认知技能或智能中的微过滤器之外，还有一种叠加使用的过滤器，它源自我们长期以来积累的经验。

当我们考虑一种与自身面临的形势有某些相似之处、但也有某些显著差异的经验时，我们通常的做法是：不会像对待相似之处那样充分重视差异，而导致忽视了关键的差异。在这种情况下，我们可能会采取与过去的经验最为接近的行动。我们可能会看到，这种做法轻松地让我们的观点出现了偏差，并导致我们做出糟糕的判断。

然而，我们并不只是因为经验（或者说我们在某一方面的专业训练）不足或知识面不广泛才会做出糟糕的判断，这里还涉及一种被称为"大脑失调"的现象。如果某些信息或经验出现失调，比如我们大脑中积累的经验不一致而出现两个不和谐的事实，我们便会创造出一种解释来澄清这种失调，而且通常会接受一个而否定另一个。在 S. 芬克尔斯坦（S.Finkelstein）、J. 怀特海德（J.Whitehead）与A. 坎贝尔（A.Campbell）三人合著的《再思考》（*Think Again*）一书中，作者给出了现在有据可查的一个例子：克莱夫·汤普森（Clive Thompson）爵士是有史以来最为成功的英国上市公司之一——能多洁公司（Rentokil）的CEO。能多洁公司是一家虫害防治企业，它因在10年里开展了130余次小型收购而声名鹊起。这股成功的收购旋风止于对Securiguard公司（这家公司的规模大致相当于能多洁公司的30%）和BET公司（这家公司与能多洁公司规模相当）展开的收购之前，因为汤普森在不知不觉中犯了致命的错误，即设想收购这些大公司与他此前成功主导并整合的其他小型补强收购没有多大差别。在过去10年里，顶着年利润总额增长20%的压力，他相信小型补强收购做不到这些。然而，在实施这两项大型收购时，他忽视了所有的危险信号，即所有过往屡试不爽的整合收购目标模式都不再具有借鉴意义。

所谓的"专家过滤器"是我们专业训练、专长、积累的知识和经验的集合。我们都会用到专家过滤器。它不仅会影响如何定义一个自己正在面对的问题，还会影响自己最想获得的解决方案。整个产业界都有可能掉入到这样一个经验偏差的陷阱之中。打字机公司之所以衰落，是因为它们只使用单一的经验打字模式，而对更先进的文字处理模式置之不理。与此形成对比的是，施乐公司（Xerox）跳出了这种经验陷阱，将自己重新定义为一个文件服务公司，不让复制的经验限定或限制自己的潜力。

不过，这种专家过滤器不只是知识类型的表征，其中也包括我们已经熟悉的探索的本质。这两种情况都会导致专家内心的认知失调。专家是将自己的过滤器集中在特定方向或路径上的人。专家积累的知识类型和主要使用的探索方法会经常受到自己学习专业知识方式的影响；某个接受过财务管理训练的人会产生把注意力集中到可以被量化的现实领域上的倾向。不过，对于那些不能被量化的现实领域，他们可能忽视或充其量给予表面处理——通过这种方式来解决因特定专家在意识中认为不能被量化的事所引起的认知失调问题。在《眨眼之间》（Blink）一书中，马尔科姆·格拉德威尔（Malcolm Gladwell）讲述了很多专家因为使用专家过滤器而错失机会的案例。在当今复杂多变且伴随大量不连续变化发生的世界里，错误使用专家过滤器可能会给专家所做的结论和基于此所做的决策带来灾难性的后果。当戴森提醒自己避免听取专家意见时，他用实际行动从反面充分证明了这一点。

作为训练有素的专业人士，我们接受专业训练，信任构成知识体系的事实、理论和逻辑。直到后来，我们有了丰富的经验，我们的思想变得更有深度，我们从失败和挫折中吸取教训。因此，我们中的一些人适应了一定程度的认知失调。当这种情况发生时，我们更乐于接受"视情况而定"的理论，对任何理论都形成一种谨慎的怀疑态度，从而在做出判断和决策时变得更乐于在头脑中持有相互矛盾的或完全相反的想法。

对感知错误的不适感

随着我们在自身领域内变得越来越熟练和专业，我们对错误感到越来越不适，这也对我们发现新的和不同的解决方案时所需要的创造力产生不良影响。富有创造性的人处置认知失调（内心的感知错误）的方法得当，并能更好地理解在这些感知错误方面表现出的真正的好奇心，而不是找借口一推了之。不过，我们在求学期间以及之后的职业生涯中，接受的都是小心出错、学着不犯错的教育。进入工作单位之后，我们被告知犯错会付出代价。我们学着小心翼翼、克制自己并避免在所做决策中承担太多的风险。然而，有创造力的人似乎都有相反的倾向。他们随心所欲地实验并"乐"在其中。即使知道可能会失败，但他们总能有各种各样的想法，并学着将那些错误整合到自己的思考过程中。他们是跨界者——跨越了由纪律、功能或技术壁垒设置的障碍，并最终做出更有创造性的决策。

概括来说，在做出个人的甚至团队的决策时，我们很可能透过自己的功能性过滤器或专家过滤器看世界——所谓过滤器，实际上就是自身经历和学习内容的产物。这可能会导致一位高管无法翻越各自规则约束的高墙而做出带偏差的判断，并最终影响部门间的协作水平和限制组织的创造性和敏捷性。

心理学家亚伯拉罕·马斯洛（Abraham Maslow）曾经说过一句名言："当你手中的工具仅有一把锤子时，你通常会把每样东西都当成钉子来看待。"这就是对我们的经验如何让自己产生偏差的最好注解。

经验对决策的影响

我们将介绍两个真实案例，旨在证明经验对决策过程的影响。基于显而易见的原因，为了保护当事人的隐私权，我们在尽量准确再现这些场景的同时，也对案例细节做了些许改动。

案例一

克里斯蒂安被认为是顶级私营银行财富公司的一位杰出的私人银行家，他已经在苏黎世这家公司工作了 20 多年，为瑞士一些高净值家庭成功地管理财富。他的客户管理能力最早是由瑞士银行业的资深人士古斯塔夫发现的。古斯塔夫把他招至麾下，并指导多年，帮他树立起自信。当古斯塔夫退休时，他建议克里斯蒂安接手欧洲超高净值人士（UHNW）的财富管理业务。对克里斯蒂安而言，这相当于前进了一大步。而且，他在商业上头脑精明，凭借与产品团队的良好合作关系在业内建立起了信誉，并由此积累了非常丰富的客户管理经验和成果。通过为高素质的客户工作，他已经在全欧洲的竞争对手中建立起令人敬畏的声望。

古斯塔夫退休后成为董事会成员，他向董事会建议，如果克里斯蒂安成为财富公司潜在的 CEO 人选，他还有一项任务要完成，即在新兴市场展现自己的能力，并培养全方位的视野。

在成功展现自己在超高净值人士财富管理方面的能力之后，董事会决定古斯塔夫的下一个任职目标是以香港为基地的亚洲。克里斯蒂安对这个新挑战感到很兴奋，他在接受任命前便在香港待了几个月。为了熟悉这个地区的业务，这段时间他一直跟着几位富有才干的市场主管，以便评估他们的真实能力。他与高管团队会面，并拜访了很多关键客户，以便亲自确定他们对于财富公司的满意度。

克里斯蒂安履新六个月之后，董事会注意到，他没有达到管理基金（FUM）的目标。他在这个市场尚属新手，所以他需要适应。然而，面对一个发展迅猛的市场，在接下来的六个月里，他的管理基金及盈利能力依然表现平平。于是，CEO 决定近距离观察一下，他亲自参加了在香港举行的亚洲战略评估会议。本次会议由克里斯蒂安主持，并由克里斯蒂安属下所有市场主管及职能部门领导（直接向苏黎世总部汇报）参加。在会后，CEO 还走访了关键客户和潜在客户，而他对自己的所见所闻并不满意。

现在，CEO 已经很清楚，克里斯蒂安之前的经验正在成为他在新的工作地点取得成功的绊脚石。在适应不同市场方面，公司的产品矩阵做得并不好。尽管克里斯蒂安在瑞士总部时与产品部门的同事保持着密切的关系，但他似乎并未成功地说服他们为他新的需要提供支持。不仅如此，CEO 还注意到，克里斯蒂安的私人银行家客户们似乎并不赞同他的方式。克里斯蒂安本人将这种情况归结为文化差异，而非市场特征与经验造成的不同。此外，CEO 在仔细查看经营数据时发现，他们的客户份额并未增加，而且管理基金正在流向竞争对手一方。他还从潜在客户那里了解到，他们对财富公司抓不住机会、僵硬应对的方式表现出某些欲言又止的担心。

CEO 承认，克里斯蒂安在一个成熟且稳固的市场里已经成功展示了自己的能力：在这个市场上，财富管理的目标基本上就是保值，大多数私人银行家都在继承客户的投资组合，而不是拆散投资组合并出售相关业务。然而，他也认识到，在一个新兴市场中，客户群体相当年轻，他们都是白手起家的富豪，财富并不是像欧洲富豪那样一代代传下来。由于投资组合管理和投资行为的差异，策略必然要有所不同。客户对财富保值策略几乎没有兴趣，而是热衷于看到自己的财富呈指数级别增长，并表现出自行掌控投资的愿望。尽管克里斯蒂安已经是一位非常成功的高管，但他的经验架构却让他失去了很多有关亚洲市场特征的关键线索，并错失了做出调整的机会。

克里斯蒂安的决策偏差

克里斯蒂安努力使自己的思维重新定位到新范式上，这些范式深受经验驱动型参考架构的影响。而克里斯蒂安之前的思维范式正是其辉煌职业生涯的基石。

显然，他的经验正如过滤器一样，在潜意识中影响到其履新之后的业务能力和领导力。对许多高管而言，挑战所有与自己过去的经验相关的事非常困难，尤其是在他们有成功履历的情况下。

什么样的决策会产生一种不同的、颠覆性的结果

面对类似情况，一个好的决策者在对待新任命时应该会采取不同的方式和态度。他在准备阶段和准备行程上可能不只是"程式化"地拜访关键客户及了解工作团队，而是会采取几个步骤来实践自己有关在本地区如何成就事业的设想。他会像下面列举的那样做。

与和财富公司没有业务往来的客户会面，了解他们为什么没有合作；进一步和他们接洽，了解应该怎样做才能动员他们把管理基金交给财富公司打理（只阅读竞争对手分析报告或市场基准报告，并不能为其提供所需要的深刻洞察力）。

聘请一位活跃在亚洲财富管理领域的主题专家，其不仅要寻找新的切入市场的深刻洞察、机会和挑战，还要"打破"自己原有的思维模式和团队思维。

重新架构挑战，从做一个逐渐熟悉新市场的人到一个识别出这个市场（一个与之前打拼的完全不同的市场）所有独特属性的人，逐渐适应认知失调；不仅要看到相似性，还要看到差异性。请理解这句话的含义："我不知道还有自己不知道的事。"

对于表面看起来似是而非的方式表现出好奇心，引导自己深入观察微妙的以及并不微妙的地区差异。例如，中国人的文化差异可能会影响到中国客户的投资习惯。

拜访客户时，不要让市场主管陪伴；相反，要扮演私人银行家的身份来一次不请自来的访问（在瑞士，私人银行家几乎用不到此类与客户的沟通方式）。

案例二

阿肖克是创世金融服务有限公司北亚分公司的 CEO，他正热衷于推动在越南的投资计划。然而，由于具有根深蒂固的、有时甚至对立且通常悬而未决的产品观与市场观，他在向同事游说自己的想法时频频遭遇困难。在他看来，形势很明朗，越南是一个新兴经济体，它在很多方面都取得了成功，但一直属于创世公司投资不足的地区。他还认识到，创世公司在追求新机遇方面一直很保守，而且这种保守的风格已经使好几位高端人才辞职转投向自己认为在本地区发展更具竞争力的公司。

阿肖克为了应对同事们（尤其是产品部门的主管们）的质疑，做了充分的准备工作。他从 Gold Partners 公司挖来一位专家来评估自己的计划，并提出相关建议。他还请风险监督机构为自己提供一份独立的国家与经营风险报告。另外，他要求自己的工作团队就创世公司的竞争对手在越南市场的拓展情况做出全面的分析。

在掌握了所有这些信息之后，他首先与自己高管团队中几位可能的批评者召开了线下会议。他们对开发新市场似乎并没有像他那样有强烈的兴趣，而宁愿固守创世公司已经取得强大市场地位的市场。然而，阿肖克感到，他们这次忽视了很多迫不得已进入越南市场的理由。他信心十足，因为他准备的商业计划书清晰明了，可以帮他的计划通过审查。

虽然他的主管领导大区 CEO 大体上支持这个计划，但这位领导的影响力不足以撼动产品部门的主管们，因为后者在公司的矩阵结构中直接向位于伦敦的全球总部汇报。

在由大区 CEO 主持的会议上，为了获得群体支持，阿肖克做了逻辑准确、表达清楚且令人叹服的越南投资论证。他的产品部门同事辩称，没有令人信服的证据证明公司对越南市场拥有强大的监管手段，并由此会给他们带来某些产品成本增加的问题。他们还坚称，如果公司进入越南市场，必将挤占已经下拨的、满足其他既有市场急需的、必要的新产品开发投资。这次会议演变成一场产品与市场间的混战。阿肖克带着不祥的预感离开会场，他知道，在区域市场机遇方面缺乏共识，可能会导致创世公司永远丧失了此类时间敏感型的市场机遇，而其在本地区的影响力或存在感注定会衰落下去。

阿肖克的决策偏差

同侪群体在思考部门之外的事物方面的无能以及其经验架构，导致创世公司在面对本该成为公司涉足本地区市场的重大机遇时，选择了不予理睬的态度。如果从企业的角度看，这种在同侪群体内发挥作用的单一功能或专家功能过滤器可能完全是多余的，而且会给整个企业带来并非最佳的决策。因稀缺资源产生的竞争经常会加剧此类问题的紧张程度。

什么样的决策会产生一种不同的、颠覆性的结果

在整合团队的意见之前，我们首先应该搞清楚让这个团队不团结的原因是什么。有两个要素可以帮助我们了解出现差异的原因：第一个要素是了解那些差异的本质；第二个要素是了解那些差异出现的根源。构建集体目标（比如本案例中的团队）的过程是通过构建集体意识的方式获得的。而构建集体意识通过识别并公开承认自身由不同微过滤器和专家过滤器导致的心态差异来实现，心态差异反过来也会影响权力关系以及资源的获取与分配。每个群体具有的价值观差异和独特的历史还能充当另一个过滤器。为了构建集体目标，人们还要做更多的工作。例如，为群体创造一个制订周密计划的机会，让群体成员听取并学习彼此的经验，这样也许会获得意想不到的会谈效果。事实上，这与一流企业为了更好地为客户服务而组织员工到客户公司体验生活并没有什么区别。此外，故意延缓会谈进程（具体做法是由有威信的协调员抛出一些质询，如"你或你的单位最关心的是什么""什么价值观在指导你的思想"之类的问题）将会展示出不同世界观的根源，从而更容易准确定位舆论的诉求和争论的焦点。如果引导得当，这样一次有关差

异的谈话将会引导人们逐渐发现并取得共识。当然，如果过快地寻求认同经常会出现事与愿违的结果。寻找机会来加深对彼此差异和看法的了解，将会确保人们为整个企业做出高质量的决策。

▶认知偏差的危险信号

当你看到以下信号时，你将了解到经验什么时候可能会在带有偏差的决策中产生影响。

① 不考虑环境变化而只追求某一策略。

② 做出"一直就是这么做的"之类的回答。

③ 个人对不和谐的经历、信息或知识的不适感。

④ 主宰我们思维的单一架构，例如，开新店是业务增长的唯一途径之类的想法。

⑤ 根深蒂固的同侪冲突。

⑥ 不能思考专业领域之外的事物，或不能实现跨价值链思考（横向思考）的专家。

⑦ 一个在一段时间里虽然遭遇收入或利润下滑，但一直未接受评估的业务平台或操作模式。

⑧ 一个从未接受挑战的组织内部不假思索的程序化模式。

⑨ "色盲者"的无能——他所感知的世界只有黑白两色。

▶重塑决策思维

为了消除我们过去的经验可能不相称地主宰自己决策过程所造成的影响，我们建议采用以下成功策略。

反思心态

- 重新架构——大多数经验偏差都可以通过重新架构策略得到解决。这在很大程度上依赖于问题是如何提出的——当同样的问题以两种方式（客观上是相等的）架构时，人们做出的选择也会不同。架构糟糕的问题可能会破坏经过深思熟虑的最佳决策；挑战你最初的架构；寻找架构导致的歪曲事实。
- 仔细反省你是否允许单一架构主宰自己的思维，并导致自己在狭窄的视野里感知世界，从而导致决策也非常具有局限性。
- 如果你是一个专家，询问自己在用什么专家过滤器，以及这样一个过滤器会把什么自然趋势带到决策桌上。
- 对长期坚持的理论保持谨慎，对于坚定支持的专家观点保持理性的怀疑态度。
- 对不和谐的信息、悖论培养出轻松的心态，并明智而审慎地接受"视情况而定"的理论。
- 自省：询问自己需要深思的问题，并寻求最诚实的回答（你自己的或其他人的）：
  - 我没有看到什么模式？
  - 我没有听到什么声音？
  - 我没有制订应对何种风险的计划？
  - 当思考组织目标时，为了避免使用局限性的经验架构，要使用"为什么"而不是"如何"或"什么样"来提问业务方面的问题。
- 在某个问题上，反驳自己的看法。

反思参与者

- 角色倒置——将专家从他们习惯的环境中请出来。例如，让一位市场推广或品牌经理到一家超市工作一天，或让一位商业银行家到一家零售支行工作一天，以便让他们体验更广泛的组织定位，获得有价值的客户信息并开阔眼界。因为在他们日复一日履行职责的过程中，不会出现这些情况。
- 将外部专家和非专家（包括消费者）请进来撼动（组织内）那些占据主导地位的思维。
- 致力于开源创新或客户合作创造进程，以打破某些联想障碍，审视你在内部如何感知问题；"客户是上帝"或"客户最有发言权"不该只是一句口号，应该考虑让它成为一种操作模式。
- 打造在遇到问题时坚持反对立场的竞争团队，以便让所有问题以一种超然的方式浮出水面。
- 发起逆向指导，以瓦解高管的惯性思维。
- 找到你认为擅长"跨界"的人，并把他们纳入到你做决策的过程中。

反思过程

- 为关键决策者安排定期的客户访问日程，使其设身处地地为客户着想，并从客户的角度体验（组织）定位。
- 以一种不受约束的或没有阻碍的方式创造机会，"实践"或"实验"那些尤其是竞争性的理念。
- （如果你是一个团队领导）为了不过早地动摇自己的想法，对初期讨论采取回避的方式。

THE SECRET LIFE
OF DECISIONS

How Unconscious Bias
Subverts Your Judgement

05

乐观可能会遮挡我们的视线

1955 年，澳大利亚新南威尔士州州长宣布，将在悉尼的班尼朗岬招标设计并建设新的歌剧院。招标设计邀请信发

> 挑战偏差：我们对结果越自信，越会做出较好的决策。

给了全球 230 位建筑师，丹麦设计师约恩·乌松（Jon Utzon）和他的团队最终被选中。这个项目计划花费 600 万澳元，并计划于 1963 年 1 月完工。在每个人看来，用六年时间建设并完成这样一座建筑似乎很合理。尽管乌松还没有完成最终设计，但建筑工程便急不可待地开始了。然而，建筑主体结构存在的问题一直未能解决。当时的政府之所以让工程匆匆上马，是因为他们担心出资方或舆论会转而反对他们。而政府的盲目乐观让他们并没看到这项工程极其复杂的一面（工程开始之前，这一地区一直被划分为沼泽地）。而且在当时，这项赞助工程的规模也令人叹为观止，它比政府在此之前所做的任何工程都大。

没过多久，各种问题便接踵而至。暴雨引发的洪水淹没了整个建筑工地，并

导致了意外延误。由于最终设计尚未完成便已开始施工，歌剧院乐队指挥台的柱子因强度问题无法支撑屋顶，导致需要重建，而这只是几个严重建设问题中的一个。到 1966 年，预算已经飙升至 1600 万澳元。与此同时，建筑师和投资这个项目的政府之间的争议越来越多，而他们之间的相互谴责也变得越来越公开和激烈。最终，乌松退出了这个项目并回到丹麦，导致工程进一步延期。等到工程于 1973 年竣工时，歌剧院的总造价已达 1.02 亿澳元，超出最初预算的 14 倍。

这一现象并非个案，在建筑领域或任何其他领域，很多重大项目的信用提供方经常保持乐观的预期，而对他们收到的预算方案存在偏差。

乐观是人类的本性，它不仅在商业决策中盛行，也充斥在很多生活决策中。据耶鲁大学心理学家戴维·安摩尔（David Anmor）调查，大约有 80% 的人对自己寿命的预期持乐观态度。未来比过去和现在更美好的信念不会随着年龄的增长而降低。一份 2005 年的调查发现，超过 60 岁的成年人可能和年轻人持有同样乐观的态度。我们对个人未来持有的乐观态度（随着时间的推移一直保持高度活力）与对其他事（比如说对经济、犯罪率或公共服务）持有的乐观态度相比，还是有所区别的，后者可能随着经济周期而暴涨或暴跌。

与乐观有关的偏差

虽然我们对更和谐、更美好的未来所固有的乐观态度可以激励和鼓舞自己成就大事，甚至能让我们（通过减少精神紧张）远离精神疾病，但就像悉尼歌剧院的案例所体现的那样，乐观也会导致意义深远和代价高昂的误判。

生活亦如商场，乐观让我们的预期爆棚。尽管人们婚姻失败的比例很高，但人们会继续假设自己的婚姻不会走进坟墓。心理学家林恩·贝克（Lynn Baker）和罗伯特·埃默里（Robert Emery）对即将毕业并准备结婚的法学院学生所做的研究证明了这点。当英国作家塞缪尔·约翰逊（Samuel Johnson）谈到我们对再婚的乐观时，说了一句很优雅的话——这是希望之于经验的胜利。

在公司环境中，我们的乐观导致自己严重低估所面临的挑战，想以最简单的解决方案或答案应对。比如，如果一个竞争对手降低了定价，那么乐观可能导致你得出简单的结论：这是竞争对手为了保持市场份额而做出的无奈之举，而且他们不可能在这个新价格上挣到钱。但事实上，也许是另外一种情况，即他们在某种程度上革新了自己出售的产品，从而能够降低成本并进一步降低价格。他们降低价格还有可能是为了提高其他价值更高的业务成交量。更危险的是，这一偏见可能会创造一种完整的"主导逻辑"，为了应对竞争，我们将自己判断糟糕的策略举措建立在这种逻辑之上。

乐观偏差的影响带来的是我们将较低的可能性附加到消极事件上，而将较高的可能性附加到积极事件上的倾向。根据学习理论，我们应当借鉴消极（和积极）的结果，并调整自己的预期。但我们并不常这样做，我们甚至在社会层面都拒绝学习，这样的例子可以追溯到 13 世纪。当时，一次与 2008 年金融危机类似的信用紧缩导致信任丧失，从而使信用体系突然拒绝出借资金。

英国雷丁大学的一位金融学教授和两位中世纪历史学家共同开展的一项研究工作，揭开了一段发生在中世纪僧侣、君主乃至银行家之间令人称奇的复杂交易背后的戏剧性史实。当时的大型组织和政府等各方参与者发展了一种创新性的交易方式，以缓和不可预知的和不可靠的现金流问题。他们也开始使用复杂的金融工具，其中包括在英格兰修道院和意大利商业社团之间开展的羊毛贸易中使用的远期合同（现金贷款以羊毛偿付），以及由宗教团体制定的养老保险规定。不过，与 2008 年金融危机相似的是，商业社团掌管大笔代教皇征收的宗教税赋，所以他们一直持有大量快钱，这便有了把钱借给国王和其他人的条件。13 世纪 90 年代初，教皇收回了属于自己的大部分钱，而法国国王向在法国经商的意大利商人课以重税。压死骆驼的最后一根稻草是 1294 年英格兰和法国之间突然爆发的战争，当时的爱德华一世通知银行家们为自己的军队募集所需的军费。不幸的是，其中所有涉及的钱都被贷款和贸易占用，并由此引发了 1294 年的信用紧缩。

这段发生在 13 世纪的故事与导致 2008 年信用紧缩以及在此之间发生的无数信用紧缩事件具有明显的相似之处。然而，这种模式还反映出另外一种乐观的实例，它每隔 50 年左右便会大规模爆发一次（这一时间特点与全球金融界密不可分）。尽管这种模式脉络清晰、反复发作，但我们中的大部分人（包括很多跟踪信贷周期的著名经济学家在内）都没有提前看到最近一次信用紧缩的到来。乐观再一次起到了作用。

此外，组织或组织的特点就是如此——确定的东西是最被看重的和受到奖赏的，而不确定的东西和模棱两可的东西则得不到礼遇。很难想象，一位高管会提出一个连自己都没有充分自信的计划。即使已经提示存在风险，这些计划通常也会在信心到位（即所有风险全部知悉、全部评估都可被缓解）的前提下得到执行。不难看出，随后根据这个计划做出的所有决策一旦获得批准，它便会因我们的自信而变得歪曲，除非我们在计划执行的过程中，根据市场状况的演变不断校准我们的乐观。

乐极生悲。英国石油公司（BP）在潜在风险方面所表现出的乐观与其拥有的油井技术有关。他们声称，几乎不可能出现重大深海事故并难以收场这样的情况。这种乐观的代价是高昂的，它致使公司在墨西哥湾的钻井设备发生爆炸并出现漏油，11名工人因此丧生，并导致大约380亿美元的重大环境灾难损失。

这种由富有经验的高管表现出来的乐观并非个案。在当今的商业社会，当我们做出判断和决策时，没有比过度自信更为普遍或更具破坏性的问题了。神经科学和社会科学研究都显示，我们比现实更乐观。也就是说，我们甚至在面对现实时都保持乐观。这使我们即使在没有保证的情况下，也会对自己做出的决策充满信心。

天赋乐观

已经有越来越多的科学证据指向一个结论：乐观也许是通过进化而成为人类大脑的固有品质的。

杰出的神经科学家伊丽莎白·菲尔普斯（Elizabeth Phelps）借助功能磁共振成像（fMRI）扫描仪记录了志愿者想象未来可能发生在自己身上的特定事件时的大脑活动。他们被要求想象一些合乎心意的（重要的日子或赢得了一大笔钱）事件，还有一些不合乎心意的（丢了一个钱包或结束一段浪漫的关系）事件。磁共振成像扫描仪显示，他们梦寐以求事件的大脑成像要比那些讨厌事件的大脑成像更为丰富和生动。

此外，我们对积极信息的反应通常比对消极信息的反应强烈。认知神经科学家萨拉·本特森（Sara Bengtsson）的实验结果显示，在做认知测验前，若被灌输积极的信息，人们会表现得更好；而那些被灌输消极信息的人的表现则差得多。如果领导者天生就具有乐观气质，那么他务必清醒地认识到，这种与我们从经验中获得的自信结合在一起的生理机能会让我们感到异常失望。

公平世界中的波丽安娜效应与我们的信念

乐观的另一种形式是努力追求美好的倾向——无论对人还是对事。这种倾向经常被描述为"波丽安娜效应"（Pollyannaism），这个名字来自埃莉诺·波特（Eleanor Porter）发表于 1913 年的一部小说。书中的角色表现出压抑不住的乐观，并在任何事物中都能找到美好的东西。与书中的角色相反的是，今天这个词在使用上带有贬义，意思是指某个过于乐观、已经达到天真地步的人，或拒绝接受特定事实的人。

虽然在今天的商业社会中很难找到天真的波丽安娜式的角色，但我们经常能在商务活动中看到人们的天真。比如，其他人看得很清楚，但你自己却不知道将要有麻烦缠身；或其他人都对某个想法或某人感到失望，而你却坚决支持。持有如此积极心态的人的大脑无法准确地感知现实世界，而且可能会使自己回避痛苦的现实。在《脑中魅影》（*Phantoms in the Brain, Human Nature and the Architecture of the Mind*）一书中，拉马钱德兰认为大脑左半球坚持自己的世界观，拒绝不和谐的信息；而大脑右半球则是作为挑战者出现，寻找矛盾之处。拥有波丽安娜式世界观的人在处理前后不一致的证据（一个指向他人意愿的愤世嫉俗的观点，或一个指向具有挑战性的、更加现实的且很有可能失败的任务观点）时，将会经历一段煎熬的时间。

这种对于公平世界的看法可能会导致出现带有偏差性的危险结果。正如英特尔创始人安迪·格罗夫（Andy Grove）在其所著的《只有偏执狂才能生存》（*Only the Paranoid Survive*）一书中所断言的：聪明人都有点儿偏执。

自我实现预期

即使某人不是波丽安娜式的人，他也可能会自我实现预期，从而影响未来要发生的事。之所以出现这种情况，是因为预期没有改变现实世界本身，但却改变了我们感知世界的方式。

当被迫在两个相反的选项（比如从两个治疗方案中选择一个）中做出选择时，上述分析是真实的；当我们在两个满足要求的替代方案中做出选择时，上述分析也是真实的。想象一下，你要从两个同样引人注目的策略中挑选一个的情形。做决策也许是一次无聊的、困难的和折磨人的过程，但你一旦下定决心，便会发生某种有趣的事。突然——大多数人都是这样——你认为自己的选择比此前做过的选择好，并得出结论：不论从哪个角度，另外一个选择都处于劣势。根据社会心理学家利昂·费斯廷格（Leon Festinger）所做的研究，我们通常都会重新评估已做出的选择，减少因在同样合乎心意的选项之间做出困难的抉择时所出现的紧张状况。在文献中，这种做法有时候被称为"确认性偏差"。确实如此，有时，我们对自己的决策感到遗憾；我们选择的最终结果令人失望。但总体来说，当你做决策时　　即使那是一个充满猜测的选择——你会非常珍视它，并期望它给你带来快乐。

甚至当做出决策时，我们都不会停止自己的无意识偏差。做出决策后，确认性偏差开始起作用。这样，当日后证明决策正确时，我们将其归结为自己的贡献和能力；而当日后证明决策糟糕或并不理想时，我们将其归结为外部因素（包括运气或机会）。

当然，这种做法存在问题，其中一个问题便是它妨碍我们自己汲取决策带来的结果——不论是好是坏。通常，这点很容易被证明，因为一种无视我们失败环节的倾向会主宰事后的剖析过程，它还经常导致我们不能充分准备好成功的理由和假设。

不熟悉状况的挑战

当应对不熟悉的挑战或问题时，我们经常对自己做出的判断过度自信，这会导致我们有时做出非理性的决策，同时伴有不希望出现的、有时代价非常高昂的结果。数据显示，高达 60% 的并购并未实现约定的价值。问题的原因指向我们制订计划时所带有的乐观情绪，因为我们经常不能勇敢面对事情可能出错的事实，而且有时，我们犯的错误非常严重。

面对不熟悉的问题或挑战时，大脑会搜索可能会帮助我们解决问题的、有用的经验。如果我们感到已经拥有与问题相关的前期经验，那么大脑就会与相关的和适当的经验建立联系，这会增强我们解决问题的自信心。然而，正如我们在第4章中所看到的那样，我们也许会以完全错误的方式判断哪些是有用的经验或相关的经验。例如，我们也许相信，自己曾经看到过这种需要的经验，而事实并非如此（它们只是在表面上相似而已）；我们也许相信，这种经验有所不同，但只是在一两种特定情况下不同，而事实上，做出那些不同的判断本身就是不正确的。这样的误判会让我们在处理问题时保持自信的立场。此外，我们在某个层面上也许有丰富的经验，但在另一个层面上也许经验有限。例如，在领导一家公司时，我们通常都追求增长策略。所以，我们也许会想当然地认为利润增长天经地义，或可能想当然地认为进入一个新市场的唯一途径就是公司必须 100% 控股，而事实上，很多公司已经很痛苦地发现，这是一个最终被证明命中注定失败的策略。

找到涉及某一特定决策的所有不确定因素，判断其他决策者是如何处理这些不确定因素，以及什么样的客观证据能够支持所主张的解决方案，所有这些都是处理不确定因素的关键策略。不管怎样，我们的自信经常会妨碍自己做出这样一丝不苟的思考。那么，我们的问题来了，我们如何才能在竭力避免诱惑的同时还能保持希望（因乐观而受益匪浅）？

乐观对决策的影响

我们将介绍两个真实案例，旨在证明乐观对决策过程的影响。基于显而易见的原因，为了保护隐私权，我们在尽量准确再现这些场景的同时，也对细节做了些许改动。

案例一

城市银行（Metro bank）的 COO 汤姆·卡利洛斯（Tom Kaliros）对 CEO 和董事会赋予自己的挑战很兴奋，这可以理解为董事会对他的一个考验。显然，董事会和 CEO 期望汤姆展现自己的能力，将银行的成本收入比水平从 55% 降到同业银行的 45%。这意味着，要从他负责的营运部门减去 2.65 亿美元的成本，并且只能通过外包整个小企业抵押贷款运营部门的方式来实现。

两年前，城市银行的零售银行呼叫中心已经成功外包给菲律宾的团队，并且节省成本的效果非常明显。虽然汤姆认识到，外包商业抵押贷款业务计划可能更具挑战性，但来自咨询师的报告给了他很大的信心。在他的潜意识中，这个计划"小菜一碟"。这些数据极具说服力，他对执行计划的地点也很有把握。尽管团队在班加罗尔吸引了大部分第一代外包服务项目，但与班加罗尔相比，团队在浦那（都是印度城市）产生了更加显著的成本效益。此外，考虑到团队在印度"第二代"外包服务上所具有的经验、核心竞争力及其复杂的技术环境，这似乎都是一个合理的选择。

除了当时汤姆本人感到很兴奋之外，他的团队也对这个引人注目的改革计划跃跃欲试。然而，还会出现一些谨慎的声音。劳资关系（IR）总监就一些潜在问题提醒过汤姆，作为外包的后果之一，工会组织可能会因抵押贷款运营部门削减 200 个工作岗位而提出抗议。汤姆向劳资关系总监再三保证，虽然对工会而言，削减工作岗位会带来很大冲击力，但他相信很快就会达成妥协。因为如果成本收入比还保持原来的水平，就不能避免更大规模的裁员。不管怎样，他同意与工会领导人在午餐时间会面。不过在午餐时，汤姆并未提及外包计划的问题，只是告诉他，银行正在面临巨大的成本压力。

这份离岸外包实施计划已经在董事会通过，并选定印度的 Infogen 公司为外包商，似乎成本节约已经十拿九稳。随着计划一步步落实，汤姆感到成功就在眼前。在咨询师的陪同下，他数次访问印度，让自己相信与选定的合作伙伴的合作一定会顺利。在访问期间，他会见了 Infogen 公司的 CEO 桑杰·古普塔（Sanjay Gupta）。这是一位令人印象深刻的印度人，他毕业于哈佛大学，在纽约有高级咨询经验。汤姆因桑杰对该计划的热情与乐观而增强了信心，将其视为那个既聪明又可放心地将项目托付出去的人。此外，桑杰安排汤姆在晚宴上会见了 Infogen 公司其他大银行客户的运营经理。这次会面更接近社交活动，虽然与汤姆所期望的有些差距，但考虑到咨询师之前已经代表银行拜访了很多类似的商务流程外包公司（BPO），所以他还是对这一切感到非常满意。

起初，这支全部由大学学历的印度人组成的、精明强干的 BPO 团队，在他们的印度主管的带领下到达在岸团队驻地。在为期四周的试工期内，他们在在岸团队的辅导下进步很快。不过，在媒体上开始出现关于城市银行即将被裁雇员不得不培训那些将要夺走自己工作的人的报道。为了平息这些"噪音"，汤姆发布了一份媒体声明，声称 Infogen 公司所做的都是过程分析工作。无论如何，汤姆和他的项目经理对四周的试工期很满意，决定开始第一阶段的工作。

然而，这个最初的阶段刚刚开始不久，人们就可以很明显地看到这个过程存在间隙。而且，BPO 团队对需要开展的工作的实际理解非常有限，其中存在几个根本性的严重错误便是例证。其中一个错误是以透支的形式向一位既有贷款客户发放了 2000 万美元，而不是 200 万美元贷款（显然，这是一个小数点造成的错误）。据说，这些事很快就被桑杰纠正过来，汤姆也对此表示满意。而像一份本应双面打印的抵押贷款文件，最终居然采取了发送 PDF 文件的形式这样的实际问题却被掩盖下来。这似乎是汤姆决定限制过程分析阶段（在任何移交过程中都属于关键阶段）的持续时间而产生的直接后果。之所以出现这种情况，不仅因为他对正在增加的负面报道所产生的焦虑，还因为需要满足营运限制条件。因此，在离岸团队充分了解这一过程之前，汤姆的团队过早地启动了训练工作。

为了严格控制成本，汤姆派了一个规模缩水的在岸团队去印度考察第一阶段的执行情况。转换工作进行得不如预期顺利。在接受训练的印度雇员中出现了若干计划外的离职情况，这给核心离岸团队带来了不稳定性。事实表明，该团队的雇员流动率在 40% 上下，而非转型计划中假设的 15%。团队中一些在城市银行总部接受训练的人，似乎被安排到了一家不同的银行，从而让 Infogen 公司为第一阶段储备的技术水平大打折扣。被派往离岸团队监督实施过程、训练并辅助离岸团队的在岸团队成员担心自己的饭碗不保，拒绝处理逐渐增加的技能差距问题，而延长了自己在海外的停留时间。大多数在岸团队成员在计划实施过程仍不稳定和脆弱的状态下回国。

与此同时，在岸团队工会搞了一个全国性的停工运动，导致很多 CBD 在岸团队陷于停顿状态，并导致零售银行强烈指责汤姆未能调整好与工会的关系，以及故意淡化改革过程的冲击力。

此外，最有资历的雇员都在城市银行内部和其他竞争银行找到了新职位，从而导致在岸业务团队人员流失殆尽。这些过早发生的离职潮，令离岸团队中本已存在的技能差距日趋恶化。虽然在岸团队的雇员已经所剩无几且士气低落，但他们的工作量依然远超 50%，甚至待办事务越积越多。

与此同时，印度方面的状况也没有朝好的方向发展。返工率居高不下，接手日期反复推迟，这也让得到超额遣散费承诺和完成日期本来指日可待的在岸团队成员越发感到失望。随着验收时间临近，Infogen 公司显然只获得了熟悉零售抵押贷款业务的操作经验，而商业抵押贷款业务操作的经验依然为零，这反映出这项业务的复杂性超出想象。Infogen 公司也严重低估了整个业务流程的复杂程度。此外，离岸团队对于贷款或安全问题所涉及的本地知识、经验和了解的重要性也严重估计不足。

到外包第一年末，客户满意度直线下跌。虽然商业客户通常不喜欢到处借贷（甚至当对某家合作银行的服务不满意时），但实际上，他们把城市银行介绍给交易伙伴或朋友，或者从城市银行再贷款的意愿还是受到了影响。市场信誉和地位也受到了连累，一些商业客户直接给董事会写信投诉自己在简单的营运问题上感受到的无奈。

汤姆的决策偏差

面对已经很难完成的目标，汤姆显而易见具有乐观主义和不惧困难的态度。他未能为其估计的资源状况或技能转移期限留出一定的误差，这足以证明其具有乐观态度。他过于依赖留用的咨询师对 Infogen 的能力评估，这是其具有乐观态度的另一个证据。汤姆被桑杰的"背景"所迷惑而徒生自信，而且这种过度自信可能导致他的直觉无法敏锐地注意到重要的营运细节被"掩盖"了。他低估了工会的反应或士气低落的在岸团队在整个过程中的影响力，这是其具有乐观态度的进一步体现。汤姆团队处理实施过程中遭遇问题的方式，反映了其乐观和帮助汤姆实现节省成本目标的愿望，这会导致投机取巧现象的出现，并给实施过程的完整性和质量带来严重的衍生后果。

什么样的决策会产生一种不同的、改变游戏规则的结果

为了成功地实施这种较大规模的离岸外包项目，在执行计划的同时，必须辅以强大的风险管理措施，而且最好把这项任务交给一个营运督导组处理，并单独向汤姆汇报工作进度。一个独立运行的"信号灯"系统能够对每个关键阶段预期结果的容忍程度进行追踪。这个系统可以在问题出现前提高汤姆及其团队的警惕性。尽管时间紧迫，但过程分析作为离岸外包关键的第一步，不应该对此做任何妥协，否则可能引发连锁反应。为了更好地了解实施过程中可能出现的问题，还应该把时间花在银行业务上（而不是在相同的市场中竞争），并针对未来的挑战提供有用的预警。如果尽职调查做得好，那最后周转率达到 40% 这样的结果应该是水到渠成的，并可将其纳入到规划设想中。

案例二

希尔维奥·马克西莫（Silvio Maximo）被任命为资本银行（Capital Bank）的 CEO。资本银行是英国一家多元化经营的大型银行，在全球金融危机期间，这家银行遭受重创，并接受了英国政府的纾困。希尔维奥把一间名为 Intermedia 的意大利小银行发展成为零售银行业务的巨无霸和欧洲第三大银

行，从此，希尔维奥声名鹊起，并因此成为资本银行的掌门人。在过去 10 年里，他主要通过成功并购小型建筑资金融资合作社、储蓄银行、汽车金融公司和抵押贷款公司来带领 Intermedia 银行发展壮大。Intermedia 银行在整合这些实体组织并快速实现收购价值方面积累了卓越的专业经验。它长期经营个人银行的历史和独特的、高度盈利的零售银行服务模式，使其成为寻找欧洲高级零售银行家的猎头公司的目标。

接手资本银行伊始，希尔维奥便宣布，在自己的领导下，这家银行将变为一个"更简单、更灵活和响应更快速的机构"。虽然外界对于他的战略计划知之甚少，但人们还是对他的能力充满了期待，希望他能帮助政府偿还纾困借款，并尽快实现资本银行盈利。在接下来的六个月里，希尔维奥从 Intermedia 银行挖来了若干关键岗位上的高管，后者对 Intermedia 显著的业绩增长起到了重要作用。他着手重新组织该银行的管理结构，宣布削减 15 000 个工作岗位，并招致了公众的一致谴责。当这个简单粗暴的重组计划展开时，雇员们的士气大幅跌落。该银行在中期业绩报告中宣布，鉴于这种糟糕的经济形势，已不太可能完成财务指标。对业绩的深度分析显示，该行的投资银行和企业银行业务部门的营业收入保持不变，但成本却不成比例地上升了。

很快，市场上各种传言甚嚣尘上，人们认为西尔维奥对资本银行的非零售银行业务缺乏了解，这让零售银行业务部门之外的高管们感到担忧。这种担忧源自他们所感知到的本行战略性政策发生的突变，以及管理层未能理解企业与投资部门继续投资产能的需要。而且，银行业务分析师和其他评论员注意到，尽管希尔维奥的微观管理风格在 Intermedia 玩得风生水起，但在一个实际上更为复杂的实体企业中，这种风格无法长久维持。由于资本银行投资业务部门主管突然辞职，市场受到震荡并有所反应。虽然希尔维奥尝试再次调整管理层，但资本银行的股价继续下滑，业绩和士气继续下跌，引人注目的离职潮犹未停歇。在希尔维奥履职 18 个月之后，董事会宣布，希尔维奥无法胜任管理更大、更复杂、业务超出零售银行业务范畴之外的银行带来的挑战，并在市场上重新寻找对完整的银行价值链有深刻理解的替代人选。

董事会的决策偏差

起初，资本银行对西尔维奥的候选人角色以及运营一家全业务银行的能力持乐观态度。基于西尔维奥在 Intermedia 银行（这是一间标准的零售银行）的履历，尤其是他在这家银行所展现的出色的盈利能力，使董事会设想他也能为资本银行带来辉煌。西尔维奥本人也低估了运营一间复杂的全业务银行的困难程度，在很大程度上，他还是依靠自己在 Intermedia 的成功经验来管理资本银行（压垮西尔维奥的还有第 4 章中讨论过的经验偏差）。

什么样的决策会产生一种不同的、改变游戏规则的结果

董事会本该对西尔维奥的背景做深入的尽职调查，而不仅仅停留在对其银行业经历的信任上。尤其是一个董事会中的所有成员都没有深厚的财务背景的情况下，他们可能低估了与不同银行业务基础部门或领域相关的复杂性和微妙的关联。在提名西尔维奥之前，一位经验丰富的猎头应当建议董事会对其做深入的尽职调查。西尔维奥入职之后，他应该意识到自己要把更多时间花在不熟悉的银行业务上；他的周围应当配备企业与投资银行业务专家，后者可以帮助他挑战自己的设想与偏差。他采用的最好的方法是利用最初入职的 90 天时间里走访资本银行的所有机构、企业客户及行业专家，仔细听取他们的意见，以便更好地了解不同驱动力、资金不足、发展挑战以及风险等（与银行的零售端对比）。为了确保他不做出任何过度自信的行为，关键的一点是，他要为自己找一位对批发和非零售银行业务极为熟练的"拳击陪练"，找到一种挑战增长所有利润和设想的方式，进而实现职业上的成功。

▶ 认知偏差的危险信号

当你看到下述情形时，你将知道乐观会在什么时候让决策过程出现偏差。

➊ 毫无意见，一致同意。

➋ 似乎预测到有较大幅度的增长。

➌ 缺少对系统风险的评估，尤其是对隐性风险的评估。

④ 较短的决策时间表。

⑤ 过于强调兼并或积极收购的一面。

⑥ 一笔洋溢着喜悦气氛的、备受瞩目的交易。

⑦ 一个做出妥协的或匆忙的尽职调查过程。

⑧ 一种对风险不屑一顾的方式，并做出"这个与那个不一样"的反应。

▶ 重塑决策思维

为了消除乐观遮盖了我们的判断力和在谨慎态度方面对决策产生的影响，我们建议采用以下成功策略。

反思心态

- 停下来，思考一下你的判断可能会出错的原因。
- 在准备踏上一条选定的路径之前，思考一下你有多积极地在寻找证明不成立的信息，或有证明你选错路径的证据。
- 当你认识到自己在为可能的成功欢欣鼓舞时，你也许已经陷入了危险的境地。
- 询问自己的决策过程中主要存在的不确定性，换句话说，支持你做出首选决策的证据有多么客观?

反思参与者

- 让那些"作祟的人"、持反对立场的人汇聚在自己周围。
- 安排某人剖析商业案例，并寻找导致这个案例失败的所有原因。
- 从团队中指定一个"魔鬼代言人"（故意唱反调的人），给他们正式分派这个角色，以此把"抵制"变成合理的和得到许可的行为。
- 寻找一位对一个项目或倡议持与众不同的观点且不偏不倚的专家，并花些时间了解他们的观点。
- 寻找一位很乐于挑战你的想法的"拳击陪练"。

反思过程

- 为了防止低估问题的复杂程度，寻找三个数据来源，让自己具备使用"三角测量法"解决复杂问题的能力。
- 养成获得非传统数据来源（提供方、监管方和伙伴方）的习惯。
- 召开性能校准会或才能校准会，消除过度自信地谈论谁更具有潜力或才能的可能性。
- 在采取行动之前，务必听取别人的意见，将其作为最后的现状核查机会。
- 研究在其他公司已被证明行不通的类似倡议，调查案例的相似点和不同点。
- 参加情境规划，作为搞清不确定性和复杂性的一种方式。
- 实施事前验尸策略（类似于事后验尸，只是过程相反），将其作为想象已经做出必要决策以及已经执行和完成计划或项目的一种方式。
- 现在就是项目完成的 2~3 年后，而且你已经看到所有出错的事，你需要准备风险缓解计划，以应对那些直观的风险。

THE SECRET LIFE
OF DECISIONS

How Unconscious Bias
Subverts Your Judgement

06

恐惧可能更有害

虽然 2011 年 3 月发生的福岛核灾难通常被看作一次罕见的自然灾害（9.0级地震及接踵而至的海啸）所造成的结

> 挑战偏差：我们越怕失去，越会做出较好的决策。

果，但 2012 年 6 月发布的一份国会报告却得出结论，这次事故存在多方面的人为因素，它们共同导致了这起事故及劫后余波的发生。

在灾难发生后的数日里，日本官方并未把辐射污染的风险特征告知公众。相反，在事故发生后的数日及数周内，隔离区以事故区为半径被逐渐扩大。官方每一次宣布扩大隔离区，公众都没有听到详细的风险分析，他们继续在不知情的情况下遭受并不安全的辐射。

早在灾难发生前的 2008 年，东京电力公司（TEPCO）曾经在一份报告中对海啸做过预测，不过直到此次事故发生前四天，这份报告才被提交。尽管东京电力公司在 2008 年早已做过这样的预测，但其仍然未对此类不测事件采取预防性措施，而监管者在这个过程中同样不作为。一旦灾害发生，为什么灾难过程的参与者始终未能就灾难的严重性进行协调沟通并有所行动呢？

现在被普遍接受且由国会独立调查组得出的结论是：东京电力公司的官员和监管者没有做好充分准备。他们既没有迅速采取行动防止反应堆厂房遭到破坏性爆炸，也没有认识到和承认自己用直升机、高压水炮给反应堆降温并耗尽燃料的努力是无效的。不过，本书作者关注的是日本首相在事故发生后拖沓的第一反应。

从疏散措施管理到与公众的沟通，再到清理行动的整个过程，菅直人政府的做法一直饱受诟病。外国政府和危机与灾难专家认为，日本政府所做的工作并不到位。同样，其对食品供应环节以及海洋中放射性物质的监督和信息披露也不够充分。政府宣布了一项核紧急状态，但宣布人却不是日本首相，而是内阁官房长官枝野幸男。日本政府官方试图安抚国民，虽然没有披露污染风险的实际状况，但采取了正确的处置程序。日本政府还宣布，没有检测到放射性物质泄漏，这条信息后来经证实并不准确。日本政府传达官方对事故的最初评估等级是国际核事件分级（INES）4 级，尽管其他国际组织认为等级应该更高。专家认为，事故分级缓慢并依次升至 5 级甚至 7 级（最高级别），这反映出政府害怕受到公众谴责。很快，菅直人内阁选定的福岛核电站危机处理咨询师小佐谷敏庄（东京大学辐射专家）因"即兴点评"危机处理过程而辞职。"政府轻视法律，采取只顾眼前的措施，结果导致延误了控制事态的最佳时机。"他说。

2012 年 4 月的《读卖新闻》（Yomiuri Shimbun）舆论调查显示，有 70% 的受调查民众认为，菅直人政府在危机期间没有行使领导权，许多人对政府处理事故及其后果的过程表示不满。《时代》杂志的一份报告总结了灾难发生后的处理过程：作为政府首脑，菅直人在灾难发生后的应急决策似乎表现了，他害怕一旦公布真相可能会吓坏公众，也害怕（发布的灾难严重程度不适当）会对自己领导下的脆弱和缺乏经验的政府产生不利影响。他一方面担心失去对摇摇欲坠的政府的控制权，另一方面担心公众的谴责，两者叠加导致他亲自督办的这起事故处理得相当失败。假如从第一天开始，他便有效地控制事态，对监管者和东京电力公司问责，咨询全球专家，告知公众确实可能发生水体污染，那么他就可能有勇气号召全体民众在日本历史上这一关键时刻团结一心。而实际情况是，在宣布此次灾难是自第二次世界大战以来日本遇到的最糟糕的危机之后，他便突然离开了公众视线。在他屈指可数的公开活动中，只有一次是呼吁组成国民联合政府，但日本自民党（LDP）不出所料地拒绝了他的提议。

菅直人的支持者声称，东京电力公司一直习惯于和此前长期执政的前政府打交道，但和本届新政府（在某种程度上说只是脆弱的联合体）还未建立起深厚的信任关系。然而，在重大国难面前人民需要强大的、有勇气的且有时有些独断的领导阶层，而这正是该案例中所缺少的。谴责的呼声越高，菅直人政府害怕直面此次最为复杂的领导任务的心态就表现得越明显。

国会独立调查小组于 2012 年 6 月公布了调查报告，报告指责政府、行业勾结（将小团体的私利置于公共安全之上）和墨守成规的文化（鼓励遵从权威）。无论官方如何辩解，内心的恐惧都会导致其领导力缺失，从而无法做出（迫切需要的）决策。更关键的是，恐惧还会使其关心无关痛痒的事，比如关心联合政府的命运，而这种关心成为做出最终决策的主要动力。虽然这个复杂的故事中包括了重要的文化因素，但因恐惧而导致的拖延却并非只在日本发生。

注意力缺失（"区区小事何足挂齿"）和傲慢自大（"别碰我"）可能经常代表信息披露不彻底，但恐惧也起到了重要作用。围绕最初的行为不端而产生的对窘迫情境的恐惧，会让一个人无法（紧接着）做出正确的决策，并驱使其用更大的谎言去掩盖最初的失策。掩盖真相永远比犯罪更糟，前波音公司 CEO 哈里·斯通塞弗（Harry Stonecipher）和惠普公司 CEO 马克·赫德（Mark Hurd）便是两个有力的明证。在这两个案例中，恐惧已经控制并颠覆了他们的判断质量。

与恐惧有关的偏差

在前面的章节中，我们已经探讨过乐观和过度自信会潜在影响我们的判断和决策质量，恐惧也会起到类似的作用。当面对经常无法理解的复杂性、无法追踪的波动性和无法预测的不确定性时，我们会发现，在今天的决策行为中普遍存在着恐惧。

恐惧和焦虑是我们的自然情绪。每个人都体会过恐惧。恐惧可以充当一个聪明的保护器。例如，它防止我们仓促地启动一项工作、一次谈话、一次旅程甚至一段婚姻。事实上，某种程度的警告甚至偏执对于事业成功和自我保护都很有必要，这是英特尔创始人安迪·格罗夫在《只有偏执狂才能生存》一书中所阐述的主题。

然而，如果对恐惧不加控制，它可能会对我们的操作能力产生破坏性的影响并降服我们，有时还会让我们陷入拖沓、优柔寡断和无所作为的境地。它会控制我们，把我们的乐观挤压得一干二净，并让我们相信自己的计划可望而不可及。

成功的领导者也能体会到恐惧，但他们可以找到有效利用它的途径，借以指导自己的思考和判断。这种面对和应对未知事物以及不确定性带来的恐惧的能力是他们决策行为不可或缺的组成部分。与哀叹遭遇混乱和不确定性相反的是，他们将其视为在自己的组织和团队中培养机敏性的一种方式。

在大多数情况下，恐惧还会携带一种信息，有时是有益的，有时则正好相反。它可以把我们的信念、价值观、需要和人际关系等关键信息传递给周围的人。我们可以举这样一个例子：一个职员注意到，公司在某方面的举措与法律规定不符，但他没有成为一个检举者，因为他把自己的职业或收入看得比所坚持的道德标准更重要。

在个人层面上，我们可以体会到很多恐惧，它们会影响我们的决策或让决策出现偏差。我们害怕自己看上去很愚蠢，害怕不知道所有问题的答案，害怕丢脸，害怕失去权力，害怕失去支持，害怕失去赞赏，等等。这种促使我们做出决策的恐惧常常是无意识的，且隐藏很深，而且并未被（内心恐惧的）个体识别为恐惧。恐惧感之所以隐藏很深，也许源自人们普遍缺乏自信（尽管我们可能并不这样认为），并由此产生一种根深蒂固的、自我限制的叙述。这种叙述会通过很多途径，且经常是在我们不知道的情况下影响我们的决策。我们将在本章的最后讨论这种内在叙述的概念。

在组织层面上，恐惧感可能会控制一个组织。人们害怕市场份额的损失、有保证的收入来源的损失、关键客户的损失和其他诸如此类的损失，而对这类损失的恐惧感有时就会导致组织做出非最佳决策。但恐惧对组织来说也可能有益，因为它可以作为一种重要的反作用力，避免组织因自满、过度自信、傲慢或狂妄自大而导致做出糟糕的决策。如果组织希望强有力地控制风险管理，那么具有一定程度的恐惧感很有必要。

显然，恐惧也分好坏。稍后，本章将会探讨宝丽莱公司（Polaroid）的案例。虽然我们从这家公司缓慢应对市场变化的过程中可以看到存在一系列偏差的因素，但恐惧和逃避才是快速扼杀公司生命力的致命武器。恐惧经常隐蔽自身，并被貌似合理地解释为对一个经久不衰的品牌做出的承诺和在面对竞争时的大无畏精神。我们将会深入剖析这个案例。

无论是在个人层面还是组织层面，如果我们掌握解码恐惧的艺术，我们自然会做出良好的判断。由于恐惧可以是真实的，也可以源自想象，解码恐惧将会让任何位于底层的非理性浮出水面。不过，基于成功策略的解码恐惧技能（我们将在本章末介绍）并不容易掌握。

恐惧可以是理性的，也可以是非理性的。非理性的恐惧是完全情绪化的，比如人们对飞行的恐惧，而且其通常很难被解码。从另一方面讲，理性的恐惧通常可以通过推论、逻辑和推理得到解释。例如，在参加一次客户会议时，我们本来说服自己不准备降低收费标准，但在这次会议上，我们降低了收费标准。基于某些可以感知的恐惧，如果我们不在收费或定价上做出让步，我们也许就失去了这位客户。

恐惧往往在一个组织发现自己处在一个岔路口时才被注意到，你要在走的人很多的路和很少有人走的路之间做出选择。在行程的这个节点上，人们常常不仅仅要面对变化、未知的恐惧，也要面对（可以量化的或不可以量化的）潜在损失和失败的恐惧。此时，我们可以采取更加勇敢的决策，否则，我们可能会发现自己陷入了一种恐惧的境地，导致不能创新、改善或探究不同的未来。

在当今的组织中，恐惧就是一块试金石，它能试验出我们所做决策的成色（通常是限制变化、损失或失败），而且有时，它就隐藏在我们未做决策的背后。在一定程度上，所有恐惧都和变化有关，但它们可能有微妙的不同，并反映出有趣的细微差别。

- **对未知事物或变化的恐惧**——对未来的不确定性，尤其是组织可能面对不连续变化和不能再依靠一个越发不可预测的未来信息时更是如此，这会导致人们犹豫、拖延，而且有时无法做出关键性的改变游戏规则的决策。
- **对失败或出错的恐惧**——与追求完美的需要息息相关，这种恐惧会增加不能很好做事的焦虑。在这种恐惧心态的主宰下，你会认为避免痛苦失败的最佳途径就是什么都不做。大多数成功企业主和企业家的背后都有一连串失败的尝试，这是他们学会把事做好的途径。恐惧失败会妨碍我们抓住可能改造事业的机会。
- **对损失的恐惧**——损失经常与变化相关，也常常涉及要放弃某种被认为有价值的东西。在个人层面上，这可能意味着丢脸或失去控制力。虽然不太明显，但同样具有破坏性的可能是已知的例程损失，或确定自己身份的事件（比如职称、职位，甚至是一个不起眼的办公室差事）。在组织层面上，这种对于损失的恐惧可能是指市场份额、信用评级或收入来源。这种恐惧还有可能干扰兼并或收购活动，因为在此过程中，存在一种来自收购实体因失去自主性、特权或诸如此类权力的潜在恐惧。

自我限制的叙述

那么，当我们被恐惧所困扰时，会发生什么事呢？这种感觉是由人内心形成的叙述所驱动的（在个体和组织两个层面上），对于心怀恐惧的个体而言，它经常是潜意识的和陌生的。这种叙述经常被伪装成做出（或不做出）某个替代性的决策，而且似乎伴随着错过一次商业机会后的合理性。这些叙述是危险的，因为其可能经常作为传播其他支持性叙述的铺垫，而且事实上，人们可能很难识别它。它还有可能出现这样一种自我延续的叙述，如"因为我们做了现在看起来有意义的事"。

实质上，我们带有偏差的叙述是为恐惧地逃避寻找借口，这些借口可能表现得非常合理，甚至可能让人感到光荣，我们经常能看到这样的说辞：

"我只是试图保护球员。"

"我不想参与这件事。"

"我并不清楚从这次行动中能得到什么。"

"他应该负责，而不是由我负责。"

"最终将证明我是对的。"

"我有责任保护无辜者。"

"他们让我这样做的。"

外化指责是一种非常常见的限制性叙述，因为它为问题的始作俑者——我们寻找借口，还经常让不作为合理化，并（在我们自己心里）让外部人员空前未有的控制与我们行动的权力保持一致。

分析师常常会受到短期股东价值的驱使且非常现实，并可能导致公司因害怕受到分析师和股东的惩罚而做出糟糕的决策。通常，这种恐惧不是在意识层面被识别出来，而且即使被识别，也不是公开表达的，而是始终处于隐秘的状态。例如，分析师可能会暗示一家公司的产品结构太过复杂和由此带来成本结构太高（拉低利润）的问题，从而会让公司处于两难的境地。如果它的产品和服务是某项综合性客户服务的一部分，那么简化它的产品结构并不简单，而且可能是一项长期的任务。在这种情形下，选择创新和较好的客户细分可能更合适。如果不能对出售什么、不出售什么或做什么、不做什么做出正确的选择，那么就有可能长期损害客户对该公司的好感，且对公司的长期竞争力和生存能力也具有致命的影响。在这种两难境地面前，公司推测自己不太可能通过出售长期收益前景的方式取得成功，所以它们也许不会采用分析师的建议。它们没有尝试改变市场敏感度，而是决定接受短期市场策略。恐惧会导致我们做出最容易做、但效果欠佳甚至完全错误的决策。在某些情形下，我们干脆无法做出决策。但我们很容易将其归咎于"什么都不懂的分析师"，而不是为了公司的长期生存——这是每位 CEO 和董事会的首要任务——采取果断行动。一位 CEO 可能不追求通过投资创造的价值，而是选择削减成本以获得短期的盈利能力，即使这种决策明显影响企业的长期发展前景也在所不惜。他们辩称，削减成本会带来短期盈利，并能安抚分析师或投资者。2009 年 5 月，有关联合利华 CEO 保罗·波尔曼（Paul Polman）的一则消息占据了报纸头条，他声明：联合利华将永久终止向分析师提供季度盈利预期（每股收益）。他进一步强调，他注意到应充分强调短期结果而非长期价值所产生的不利倾向，并建议对冲基金远离自己的公司。此后，他在抵制这种倾向和重新关注长期价值创造时所表现出的勇气，逐渐开始被很多公司仿效。

愚蠢的勇气

当我们面对任何高风险的决策时，是需要一定工作上的勇气的。不过，有时我们的响应可能近乎愚蠢，尤其是当我们固执地采取行动、投入本不该投入的战斗、采取"全赢"策略或者视任何小的妥协为欠佳决策时。对强硬的领导者而言，这是一个非常困难的平衡，因为他们倾向于把采取行动视为力量与信念的标志。

我们对失败的恐惧可能被伪装得充满勇气。恐惧失败可能导致一位高管为公司做出大胆而愚蠢的决策，而出发点只是为了证明对他的批评是错的。一位高管可能被迫套用沉没成本的基本原理而放弃某个项目，并避免承认这个项目一开始就是一个糟糕的决策。反过来，沉没成本原理可能变成赔了夫人又折兵的遮羞布。人们听到了不想听的消息，但却要怪罪送信的人，这是另一种常见的情境。通常，即将卸任的 CEO 不希望出现损害自身形象的事，所以他有可能做出愚蠢的决策，而不是一个虽然昂贵但很关键的投资，比如不在环境可持续技术方面（把决策假扮成一个均衡的决策）进行投资，从而导致公司憾失至关重要的市场时机，并注定将公司引向一个黯淡的未来，这是有关愚蠢的勇气的另一个例子。在这种情形下，害怕损害到目前为止已经成型的管理遗产便是其核心问题。

勇气是逐渐发威的

我们中的大多数人将勇气视为快速的、坚定的和冲动的行动。但事实上，勇敢的决策者经常会表现出一种特殊的风险承担方式，他们学着了解风险、孕育风险甚至几十年都在抱怨风险。他们表现出蓄意的行为——他们设定具有挑战性但可以达到的目标；他们仔细考虑什么事已经处于危急关头；他们利用影响力谨慎地摸索属于自己的成功之路；他们权衡风险，必要的时候采取折中态度；他们考虑何时做出让步，何时做出妥协，何时以小败换取大胜。当然，他们早就准备好了应急计划。

当意识到与高度紧张、高度风险的决策相伴而来的还有复杂的情感时，聪明的冒险家都不会采取鲁莽的、将来会后悔的行动。但对于最优秀的决策者而言，不作为不是他们的选项。

在决策过程中，勇气即是恐惧的对立面。它让杜邦公司即使在经济大萧条时期都能保证自己的研发支出，从而发明出为公司以后几十年带来巨额利润的尼龙、氯丁橡胶等产品。而心怀恐惧的领导者在危机四伏的时代经常坐以待毙。由于担心任何行动都要冒风险，他们选择按兵不动。不过，这样并不安全。动荡年代的胜利者都是大胆的人，而失败者经常是裹足不前的人。

论起科拉多·帕塞拉（Corrado Passera）的大胆，相信无人能出其右。他出任了一个欧洲人都唯恐避之不及的 CEO 的位置，掌管一家庞大而错综复杂的国营邮政局。就是这样一家在世界上因抗拒变革而臭名昭著的公司，他竟然将其改造成了一家收入持续增长的公司。

20 世纪 90 年代，意大利邮政（Poste Italiane）——意大利最大的公司——经过 50 年连续亏损之后，正在面临巨额财政损失。作为一个国营事业部门，它是欧洲最没有效率的公司之一：等待邮政服务的人排起长队、咨询台职员态度恶劣、邮件延误等事司空见惯。然而，1998 年，科拉多·帕塞拉担任这家公司的 CEO 之后，做出了大刀阔斧的改革，力促公司在经济上和运营上的复兴。

当世界上很多邮政公司无法采取主动重塑未来的行动并掌控自己命运时，意大利邮政凤凰涅槃般的案例显得非常引人注意。恐惧有时会让我们成为命运的牺牲品，这个案例深刻体现了帕塞拉所展现出的勇气。从业务上讲，他基本上算是外行。他是麦肯锡公司（McKinsey）的前咨询师，当过好利获得（Olivetti，意大利一家计算机与办公设备公司）的总经理。他用事实证明，那种认为这种最棘手的变革无法实现的想法犯了犬儒主义的错误。

在帕塞拉的领导下，意大利邮政进行了重组并重新上市，运营效率上出现强劲的反弹，采用新业务模式，并通过设立邮政银行进入金融领域。随着邮政业务量的萎缩，意大利邮政必须寻找新的收入来源和新的运营方式，以发挥遍布意大利城乡的强大零售网点的作用。在此之前，意大利邮政只提供传统的存折储蓄账户和计息邮政债券。为了充分利用其庞大的网络系统，帕塞拉实施了差异化策略，通过与第三方公司（比如银行或投资基金）合作拍卖了许多产品和服务，而因此不再需要银行业务执照。例如，德意志银行是贷款和按揭贷款业务的合作伙伴，而意大利邮政保留了经销商的利润。他继续重组核心业务：调整邮件分拣网点；为新投递中心采购设备；实现邮局的现代化与升级改造；在技术升级方面加大投资；将邮局创新改造为零售店面等。

帕塞拉曾经介绍过自己起初的赴任经历："当我到意大利邮政赴任时，公司的现金只够发两个月的薪水，权益净额是负值，也没有技术可言。没有人相信未来。我只能相信政府在背后支持我们，并开始把希望寄托在雇员身上。"

在接下来的四年（1998—2001 年）里，帕塞拉并未采取对抗性的手段，而是选择与工会密切合作减少亏损、削减成本并改进服务。在这段时间，整个邮政系统削减了大约 17 500 个工作岗位。帕塞拉在谈到拯救意大利邮政这样一家公司的态度时，他的一段与所有利益相关者半坦诚半批评的谈话经常被引用："你必须永远怀揣短期和长期两个愿景。我们向工会非常坦率地介绍自己所处的形势。我们在可能的目标上达成一致，并同意必须削减成本。有时，重组计划不被工会接受，是因为这些代价只由工人们承担。而实际上，股东、经理和雇员都要做出牺牲。如果你希望人们在一段时间内甘愿与你一起做出牺牲，你必须清楚地证明自己能给他们带来什么回报。"

创新、差异化、效率，特别是勇气，这些元素结合在一起奠定了他的成功。2003 年，意大利邮政实现了盈亏平衡。2005 年，该公司公布收入达到 204.852 亿美元，利润达到 4.335 亿美元。按照其示范性营业收入，2006 年该公司首次入围福布斯 500 强排行榜。

在全世界众多仍在亏损的邮政系统中，帕塞拉的故事显得有些鹤立鸡群。以美国邮政管理局为例，其过往的改革一直都在失败。为了免遭破产的命运，2012 年 4 月，该局又启动了另一项战略举措。

帕塞拉的故事与菅直人的故事截然相反，它们反映了面对恐惧采取的两种非常不同的方式。

防御性悲观

心理学家将一种对恐惧相当普遍的反应称为防御性悲观。这种反应表现为一个人因害怕失败或挫折便降低对自己或他人的期望值。它帮助其应对伴随失败的表现而来的焦虑和紧张心理。它的表现方式甚至可以是为可能的失败预设借口、编造自我实现的预言或直白地否认某个问题或某项任务的责任或所有权。

虽然在任何决策中，尤其是在设定目标时，非理性的过度表现从来都不是聪明的行为，但防御性悲观似乎是一个更安全的赌注。它不仅仅是一种既不过低承诺也不过高兑现的谨慎做法，而且也是需要重视的一种美德。这是一种逐渐习惯失败的情况，一种相信宿命和相信一个人无论怎样做都不会增加成功机会的情况。他们放弃了，他们得过且过，他们选择在职退休——也就是说，虽然他们的人在上班，但他们的心在缺勤。许多长期为某些遭遇过失败惩罚的组织工作的领导者和管理者便被培养成这种心怀恐惧的人。

在很多组织里，设定预算的过程经常就是体现防御性悲观（有时被称为"低定价策略"或"堆沙袋策略"）的例子。这种做法是指市场领导者可能会按照上一年完成的收入目标来制定今年收入目标的决策。他们这样做实际上放弃了重新审视市场运行状况、市场机会和收入增长所面临的威胁，也就不会采取新调整的方法来设定新目标。通常，恐惧就隐藏在此种预算行为之后——害怕失败，害怕看起来像一个表现不佳者，害怕危及红利津贴等。这种恐惧偏差经常使一个组织成为平庸之才泛滥的场所。

在《自信》（*Confidence*）一书中，罗莎贝斯·莫斯·坎特（Rosabeth Moss Kanter）声称，个体避免下赌注、隐藏信息或消极以对的决策强化了系统和公司的衰落。她将这种行为称作平庸者的胆怯，而在此起作用的本能就是恐惧。

勇气就意味着承担风险，当环境本身的风险加剧时，就像现在这样，承担风险也变得越发困难。这就类似于经济衰退时期会出现成功者和失败者的原因。

不论是理性的还是非理性的恐惧，都会让我们采取行动的勇气变得衰竭。学会适应恐惧的关键在于，辨别这种让我们的观点变得模糊的恐惧来源。

恐惧对决策的影响

我们将分析下面两个真实案例，旨在证明恐惧对决策过程的影响。基于显而易见的原因，为了保护隐私权，我们在尽量准确再现这些场景的同时，也对细节做了些许改动。

案例一

20 世纪 50 年代末，宝丽莱公司发明了 SX70——一款真正的相机胶片一体机，照片的化学显影过程发生在相机内部，照片只需 60 秒钟便可打印出来。在发明人埃德温·兰德（Edwin Land）的领导下，宝丽莱仅凭这种产品便取得了巨大成功，并成为家喻户晓的品牌。从 20 世纪 60 年代到 70 年代初，宝丽莱垄断了即时摄影市场，其销售额占据整个胶片市场的 20% 和美国照相机市场的 15%。在其鼎盛时期，该公司雇用了 21 000 名员工。

20 世纪 70 年代，宝丽莱成为人们疯狂追捧的品牌，其众多热切的拥护者中涌现了像安迪·沃霍尔（Andy Warhol）和大卫·霍克尼（David Hockney）这样的偶像级人物以及一大批摄影高手。这些"代言"行为为其树立了一个"酷而好玩"又可分享的品牌形象。然而，凡事都有两面性，比如如果你希望照一张正式的照片，那么你肯定会找一架"正式的"相机来拍摄，而不会使用SX70。人们这种想法妨碍了即时摄影市场的发展，几乎没有哪位宝丽莱的高管预测到这种情况，更不要说让他们预想计算机会永远改变硬拷贝胶片的命运了。大多数分析师都相信，与柯达（我们在第2章中已经讨论过）相比，宝丽莱在数字摄影领域本该具有更好的竞争优势，但却没有一位领导者能够透过其文化确定出数字技术和胶片技术共存的交汇点。我们几乎可以下这样的断言：他们并不想寻找这个交汇点。恐惧感阻止了他们面对快速变化的市场形势的脚步。

事实上，在宝丽莱公司内部，领导文化就是有关化学的文化，硬件只能靠边站——这也是我们在第4章做过充分讨论的有关经验偏差的证据。此外，其领导文化还存在潜在的恐惧感——如果他们涉足电子类产品，他们的工作会出现什么变化呢？胶片销售业务的绝对盈利能力妨碍了其思考新的商业模式。当销售额开始下滑时，宝丽莱公司面临一个两难选择——改变或是死亡。正如前CEO迪卡米洛所回忆的那样："我们知道自己该更换风扇皮带了，但我们无法停止发动机。我们无法停止发动机，原因是即显胶片是本公司财务模式的核心。推动公司经营状况的不是即拍相机、不是硬件也不是其他产品，而是即显胶片。所以我们知道必须关注胶片及其销售量的下降和损耗率，即使我们想替换它，也要找到与其盈利能力相同或接近的产品。"即显胶片的毛利率超过65%。宝丽莱在哪里能找到盈利能力如此高的产品呢？它们害怕失去很容易就得来的收入，这是妨碍其看清形势并做出正确决策的拦路虎。

然而，这不是宝丽莱第一次未能预测这种重大变化，它也未能有效地响应十几年前一小时冲印店的异军突起。人们逃避这个问题，或不希望将其定位得过于沉重，这种心理根深蒂固——这是一种潜在的恐惧，人们担心宝丽莱黄金时代也许已经到了结束的时候。本书前几章介绍过的柯达公司是另一种有害恐惧（与之相对的是有益恐惧）的例子，也证明了这家公司非常害怕失去被其视为核心业务的东西。它只允许这种恐惧占据上风，并让该公司没法看到一种不同的现实，也不允许出现一系列不同的可能性。那么，是什么原因让一些公司能够轻松并熟练地面对恐惧，而其他公司却做不到？说得更具体些，在做决策的过程中，这种恐惧和逃避是如何起作用的？

在这个案例中，许多偏差都在起作用。首先，宝丽莱公司的领导者相信客户总是希望使用硬拷贝照片。而当客户放弃使用这种照片时，宝丽莱公司感到震惊。从其企业文化中，人们也能看到一种反对电子产品的集体偏差，这种偏差可以追溯到埃德温•兰德所造成的影响。他对投资电子产品持怀疑态度，坚持鸵鸟政策，不愿意预期一种物理新技术将会取代自己的化学方法。但这种内在的技术偏差并不像宝丽莱的商业模式偏差那样致命。

2001年10月，宝丽莱公司最终宣布破产，其累计债务达到近10亿美元。该公司的股价从1997年的60美元跌落至2001年10月的28美分。

宝丽莱的决策偏差

宝丽莱公司一直坚持20世纪70年代至20世纪80年代盛极一时的商业模式，并将其作为公司的摇钱树。它未能认识到：巨额收入本身并不是可持续发展或长期生存的保证。公司害怕失去这种良好收入来源的心态在各个层面都表现得淋漓尽致——技术、收入和商业模式。它害怕做任何可能潜在危及上述三种要素的事。这种恐惧导致它对发生在周围的每件事都持拒绝和漠不关心的态度，并天真地认为这种好的态势仍将继续下去。它无法系统性地静态评估与市场有关的成本，因此也就无法主动直面收入损失产生的恐惧。它并没有为改变命运而实施拓展新的收入来源的其他选择，即使这种选择会带来短期收入激增也无动于衷。

什么样的决策会产生一种不同的、改变游戏规则的结果

如果宝丽莱公司在业务上采取以客户和市场为中心的方式，并创造充分的组织灵活性，以满足新的商业创新的需要，那么它仍有可能坚持到现在。在年度战略评估和风险管理方式中，提问自己的设想是什么以及没有看到什么，这种做法将会产生一种不同的内部交流风格，从而让人们挑战自己的主导逻辑。担心失去

所谓核心业务的深度恐惧会导致这种恐惧占据上风，妨碍人们看到一种不同的现实和不允许出现不同市场和客户的可能性。

案例二

作为道奇仪器公司（Dodge Instruments PLC）的 CFO，亚历克斯虽然掌管着三大部门，但却没有像同事们那样充满自信。这并不是因为同事们认为他不了解自己的属下，事实上，他们感到他能力出众，而且他所具有的管理与报告方面的知识不仅完整、可靠，还与时俱进。然而，在某种程度上讲，他在道奇的角色应该更具战略性，并在公司的战略选择上表明立场。

亚历克斯的风格建立在尽可能成为不起眼的小目标上，这样，他便可以尽量不招致批评或冲突（他发现这些很难处理）。在同事眼里，他可以算是隐形人，即便面对面交流更有效，他也倾向于使用邮件作为与其交流的主要方式。他与同事们的交流以"需要了解"为基础。为了帮助他更好地了解公司业务，同事们鼓励他浏览公司的主页并到工厂参观，但他从未接受此类提议，因为他总有各种理由搪塞，如自己不方便离开办公室等。这给人们留下了他与人疏远和只待在公司总部的印象。

在与商务部门特别是政策与联络部门的领导者共事时，他那种消极无为的风格表现得非常明显。例如，他很少在会议上发言（"言多必失"），也极少提供"即席"决策意见。这种稍微有些谨慎、规避风险的性格得不到同事们的信任。事实上，他在高管会议上似乎明显有些心神不定，他也确实认为这种会议是一种无用的仪式。一想到自己的决策将在这些会议上遭遇挑战，他的心里就充满恐惧。

虽然他面对同事们采取这种明显有缺陷的工作方式，但亚历克斯似乎与他的上级保持着良好的工作关系。他给人的印象是积极关注董事会报告中的内容，并与每个月都要见面的董事会财务委员会密切合作。亚历克斯此前在一家公司也担任 CFO，并似乎与董事会主席走得很近。这种做法不仅让

CEO、也让他的同事们看在眼里并感到困惑。他们很想知道，公司监管层和执行层之间职责分离的要求是否真正得到了执行。尽管没有证据表明亚历克斯做过任何妥协，但他与高管团队关系不睦，并在其心中引发了信任问题。

亚历克斯似乎在没有通知各部门的情况下就武断地更改报表。尤其最近，他在未提前通知部门领导的情况下，对资金划拨规定做出了一些重大改变，从而导致这种关系继续恶化。由于担心引发冲突，他通知了部门财务经理，而没让他的同事们直接知晓。可以想象，他的同事们异常愤怒，因为此举在实质上影响了他们的预算执行情况。它成为了月度高管交流会议上一个相当火爆的话题。亚历克斯悄悄做了道歉，虽然他未对自己采取的方式做出解释，但表现出了相当诚恳的痛悔。一些同事注意到，不经过磋商就做出改变、之后再道歉似乎成了亚历克斯的一个工作习惯，他们很想知道，这种情况是否与其缺乏处理各种变化的能力有关。然而，这绝不是引发人们失望情绪的唯一问题。在亚历克斯缺乏处理有关问题的领导力的情况下，虽然他很难做出改革计划的决策，但他必须做出决策，这属于他的职责范围，而由此带来的结果看起来像 CEO 就改革计划（包括将只会让事情变得更糟的成本分摊在内）做出的武断决策。

亚历克斯的"低干涉"风格延伸至其管理公司的专业报告团队，这种风格让成员感受不到有关工作进展的通知或团队归属感。亚历克斯应对绩效改进问题或处理困难决策的能力和领导力不足。尽管他的团队是公司的基石，但他没有与部门领导（亚历克斯的同事）联合承担绩效评估。即使他对个体成员的表现有不同的看法，也基本上把对他们的评估留给了部门领导。即使他对部门领导的专业报告有非常清晰的观点（哪份报告做得好，哪份报告做得不好），他也不愿意面对可能因那些谈话而引起的任何潜在的冲突。这种恐惧偏差在几个方面主宰了他的风格。

亚历克斯特别在意与他类似的人保持良好的工作关系，这限制了他与各种各样的内部客户的合作能力，并转而制约了他作为顶级 CFO 的影响力。随着时间的推移，董事会听到了底层员工的意见，并接受了 CEO 的看法，即一个 CFO 在得不到同事支持的情况下无法继续存在下去，他的位置最终被取代了。

亚历克斯的决策偏差

亚历克斯缺乏勇气，总是逃避困难的问题，他不论是面对同事还是做直接报告，都在避免让自己成为焦点人物。他对冲突的恐惧已经使自己失去了行使 CFO 职责的能力，而且影响到工作中与其他领导者的协作。即使没有证据表明亚历克斯违反了公司董事会监管层与管理层之间必要的界限，但他无法获得同事们的信任，也导致其在本不存在问题的环节出了问题。他对冲突持有的固有恐惧感导致各部门同事对他逐渐失去了信任，而且随着时间的推移，他们也逐渐失去了对其具有的专业领域知识上的尊重。毫不奇怪的是，他与董事会主席、财务以及风险管理委员会保持的良好工作关系，反映出他很乐意做交办的事。不过，在处理与那些和他权力相当或低于他的人的人际关系时，他本应胸有成竹、能够承担一定风险或施加一定影响力，但实际上，他发现自己处于束手无策的状态，害怕引起别人的误解、害怕出现冲突和难以预料的结果。

什么样的决策会产生一种不同的、改变游戏规则的结果

尽管他性格内向，但亚历克斯在处理与同事们的关系时，只要他一开始做出一些小变化，便能改变事情的最终结果。例如，为了和同事们建立起较为密切的关系并信任他们，他本可以在一些毫无争议的小方案、小计划上与他们一起工作。他本可以努力接受他们提出的走访客户的建议，因为很显然，这是一个拉近彼此之间距离的机会。他不该在面对问题时选择退缩，而应该开诚布公地与利益相关方分享自己的畏缩心理，面对面地（即使他惧怕例行的高管会议）处理特定的问题。他可以找一位（擅长影响力和冲突管理的）导师，向导师诉说他的恐惧，并寻找帮他在处理冲突和退缩时构建信心的策略，他将会受益匪浅。由于他处理问题方式不当，反而让各种问题纠缠在一起而变得更加复杂。虽然这听起来就是一位高管不能履行工作职责的案例，但其具有的恐惧可能会借机在各个层面上影响

决策行为，包括选择"阻力最小的途径"、将重大决策推给上级、不愿面对争论和冲突（而后者对于做出一个更为均衡的决策不可或缺）或干脆让其他人做出本应由他自己做出的决策等，这些行为最终削弱了他自己作为一名高管的影响力。

▶ 认知偏差的危险信号

当你看到以下信号时，你将了解到什么时候恐惧会在带有偏差的决策中产生影响。

① 采用"低定价策略"或"堆沙袋策略"来进行预算和目标管理。

② 将沉没成本视为继续进行一项建议的理由。

③ 无法面对现实或完全拒绝接受现实。

④ 为了维持一个代价高昂的结果，而采取成本昂贵的步骤。

⑤ 夸大风险（尽管有证据支持特定程度的风险）。

⑥ 拖沓延误重大问题。

⑦ 为处理重大问题的失败而寻找借口。

⑧ 在面对困难的对话时表现出无能。

⑨ 在需要采取紧急行动时迟迟做不出决策。

⑩ 缺少坚持自己信念的勇气。

⑪ 一个选择离开或避开困难的人 / 事的人。

▶ 重塑决策思维

为了消除做出困难的决策时心怀恐惧或缺乏勇气所造成的影响，我们建议采用以下成功策略。

反思心态

- 询问自己可能发生的最糟糕的事是什么，以及它为什么会那么糟。
- 承认恐惧叙述虚假的合理性，并公开质询（或与可信任的人共同探讨）这些自我限制的叙述。
- 即使面对反对意见，也要确认自己有坚定的信念并将其表现出来。
- 学会应对冲突，以及培养主持困难对话时所需的技能。
- 回顾你的一次成功经历并坚守那种感觉，在你需要做出改变时，它能提供正能量（视觉化是体育精英人士用来控制恐惧／失败情绪的一种技巧）。
- 当面对高风险决策时，预计你对抗一系列明显没有商量余地的价值观（如对所在公司的自豪感、当交易出现在次日报纸头条时的幸福感、表现对手下员工的关心、做出意味深长工作安排、保护环境等）的勇气。将价值观作为试金石，这有助于你将勇气与愚蠢的勇气区分开。
- 使用下面这份检查清单来解码自己的个人恐惧。
  - 给恐惧命名：
    ○ 为了控制恐惧，我们需要辨别出自己到底害怕什么并为其命名。恐惧可以被掩盖。
  - 承认恐惧是一种合理的／有用的反应：
    ○ 恐惧的用途在于可以防止我们冒不必要的风险。
  - 开展现实状况检查：
    ○ 不存在毫无风险的决策；针对你的恐惧采取行动，认识到任何误判或错误都是一次学习的机会。
  - 重新解释和架构你的恐惧：
    ○ 询问自己通过什么方式可以让你经历的恐惧变为一种积极的力量，以及它会如何颠覆你的计划。
  - 寻找他山之石：
    ○ 请教可能遇到过类似情况并解决问题的人，学习他们如何控制自己的恐惧。
  - 分解你的恐惧：
    ○ 减少你的恐惧感；认识到这种恐惧大于合理的事实，因为我们在本性上习惯于设想最糟的情况，做较小的决策可以帮助你更快地恢复／再次获得平衡。先追求隐含较低风险的小胜，然后稳扎稳打以求大胜。
    ○ 寻找那些没能控制住恐惧的人，了解他们可能使用了哪种过滤器。
    ○ 认识到你的恐惧并非个例，与你发现的那些已经富有成效地控制住自身恐惧的人（不要仅限于商业人士）交流。

反思参与者

- 为你的团队挑选那些乐于表达相反观点和独立意见的人。
- 认可并奖励那些敢于直言的人。
- 寻找那些在特定挑战面前没能控制住相同恐惧的人，了解他们可能使用了哪种过滤器。
- 寻找那些表现出坚定信念的人，并让他们加入到做决策的过程中。

反思过程

- 当领导一次大的组织变革（由此产生的焦虑的破坏性影响会突然降临，并改变团队成员的注意力）时，尝试通过让团队团结一致，并集体参与该过程来消除恐惧。
  - 要求团队成员想象每个糟糕的情境，甚至那些遥不可及的可能性——"最糟糕的梦魇"；
  - 给每人一个机会来详细描述那些情境，然后一起"沉浸在黑暗中"；
  - 设计击碎每个梦魇的详细计划——有效的做法是对每个潜在问题预演最佳的集体响应；
  - 一旦恐惧浮出水面并将要应对时，团队对每种可能发生的最糟糕的情境都有预案，并有一整套后续步骤来缓和真实的或被感知到的风险和恐惧，所有这一切都将建立起团队成员的信心。

THE SECRET LIFE
OF DECISIONS

How Unconscious Bias
Subverts Your Judgement

07

野心可能会给我们带来意外打击

威望迪环球集团（Vivendi Universal）前 CEO 让 - 马利·梅斯耶（Jean-Marie Messier）是法国最具传奇色彩、最有争

> 挑战偏差：我们的个人野心越强，越会做出较好的决策。

议的领导者之一。法国人认为他不够法式（他们确信这点不只是因为他浮夸而狂妄自大的性格，也是因为他决定搬到纽约一套价值 2000 万欧元的公寓里，而费用却由威望迪公司承担）；他的美国生意伙伴也认为他不够美式（原因在于他掌管公司的相关表现缺乏透明度和不够公开）。

他的成长之路令人瞩目。他先后在法国两所最有名望的大学——巴黎综合理工大学（Ecole Polytechnique）和国立行政学院（Ecole National d'Administration, ENA）学习，特别是后者培养了很多法国的政治精英。他在公共部门担任过几个职务，其中包括法国经济部（French Economic Ministry）。之后，他加盟拉扎德公司（Lazard Freres）工作了五年，并于 1994 年再次进入公共部门。这次，他被任命

为法国通用水务公司（French Utility Group Compagnie Generale des Eaux,CGE）总裁——一家有 150 年历史的水务与水处理公司。

梅西埃为 CGE 制定的规划令人惊叹。在六年里，他通过收购环球影业（Universal Studios）和环球音乐（Universal Music）以及一大批法国公司（电视台、移动通信公司、主题公园等），将其转变为世界第二大传媒公司（位列美国在线时代华纳之后）。他将他的公司重新命名为威望迪环球（Vivendi Universal）。

在此过程中，他将所有的警告都当作耳旁风，对所有多元化原则视而不见。他的野心完全超出了可持续企业在发展过程中所能承受的现实。然而，20 世纪 90 年代初的经济衰退暴露出梅西埃所搭建的纸牌屋相当脆弱。事实证明，他的很多收购都估价过高，一份资产负债表显示，他为收购来的电影、音乐和出版权益付出的版税总计高达 1000 亿美元。

2002 年 3 月，威望迪环球宣布，2001 年共亏损 136 亿欧元，这直接导致了其资产价值下降。公司股价暴跌，北美合作伙伴对梅西埃失去了信任，董事会迫使他辞职来挽救威望迪，但故事并未就此结束。他并没有平静引退和承认自己已为难以置信的狂妄自大付出了代价，而是挑起了最后一战，就是一份他声称自己理应获得价值 2060 万欧元的"金色降落伞"①补偿金。

"金色降落伞"条款确实写入了他与威望迪美国公司的工作合同。不过，法国的法院注意到，董事会实际并未批准这一条款，并立刻将其冻结。与此同时，美国方面的股东也加入到集体诉讼中，指控他误导集团的财务状况。他还试图取得自己纽约公寓的控制权来作为解雇条款的一部分，但最终未能如愿。他继续顽强抵抗，辩称公司发生的问题都不是自己的过错。

狂妄自大与浮夸是梅西埃建立威望迪商业帝国的推动力。他的自大妨碍了自己认识到对传媒产业的无知。他不计后果的野心导致其接手后的很多公司价值贬值，其中包括他兼并的施格兰家族所拥有的环球影业。尽管他收到了一些建议，

---

① 金色降落伞（Golden Parachute）是指按照聘用合同中公司控制权变动条款对高层管理人员进行补偿的规定。——译者注

但他为了获取协同价值，并未对与整合不同的商业利益有关的复杂性给予真正的重视。他也没有关心过在业务整合过程中被削减的大量工作岗位。

类似梅西埃这样的故事并不少见。

与野心有关的偏差

Hubris 这个词源于希腊神话，代表自大、自爱和过分自豪。在心理学中，它经常与优越情结、救世主情结或自恋情结联系在一起，而且通常意味着失去公平的判断，并在职场上表现为充满以自我为中心而不是以组织为中心的野心。

有野心并不是坏事，它驱使人们获得成功并提高自己：没有野心，人类就不会发现新大陆；没有野心，就不会出现让世界变得更美好的发明；没有野心，事业也不会发展。英特尔的安迪·格罗夫、星巴克的霍华德·舒尔茨（Howard Schultz）和戴尔的迈克尔·戴尔（Michael Dell）都是梦想的先驱者，他们是将野心变成现实的典范。虽然我们承认野心很重要，但我们也认为它有些危险。未加抑制的野心表现为狂妄自大。我们不赞成那些滥用野心的人，但我们也不会尊敬那些缺乏野心的人。

那些表露出极大野心的人通常会有很多有意思的特征：他们为了自己的目的可以利用他人；他们为了取得成功可以投机取巧；他们喜欢聚光灯下的生活；他们可以花大把的时间自我推销和炫耀自己的成就。我们由此不难想到，他们的决策中会存在多么严重的偏差。

意大利外交官、历史学家和政治理论家尼古拉·马基雅维利（Niccolo Machiavelli）生活在 16 世纪初的意大利，那是一个相当动荡的时代。他在其开创性著作《君主论》（*The Prince*）中描述了一幅自己见过的浸染着不道德与欺骗的、纷繁复杂的统治与控制的图景。虽然不清楚他是否容忍了这幅图景，但他最早倡导了我们今天所谓的"狂妄自大"——一种与喜欢操纵人的风格成对出现的高度控制的倾向。正因如此，我们现在将那些表现出这种行为的领导者称为"马基雅维利主义者"（Machiavellian）。

狂妄自大的人也可能完全控制一家公司。迪拜世界（Dubai World）是一家多元化经营的国际控股公司，所有者为迪拜政府和谢赫·穆罕默德·本·拉希德·阿勒马克图（Sheikh Mohammed bin Rashid Al Maktoum）酋长。迪拜世界的业务范围包括房地产开发、酒店、旅游、零售、航空和金融服务。它拥有全世界最高的建筑、最大的购物中心和室内滑雪度假村。它因建设迪拜棕榈岛而名声大振——建有私人住宅的棕榈树形状的人造岛屿。

2009 年 11 月，迪拜世界宣布将至少延期六个月支付其 800 多亿美元的债务，此举引发全球股票和外汇市场走势呈螺旋形下跌。一周后，公司官员重新评估债务状况，并将时间表调整为"比六个月时间稍长"。

投资者无动于衷。穆迪公司下调迪拜世界评级，将其大部分债务评为"垃圾"状态。对于一家多数所有者都来自全世界最富有的国家和富人的公司而言，它足可以证明即使最富裕的公司也无法规避过度融资的风险。

英国杜伦大学（Durham University）波斯湾政治研究专家克里斯托弗·戴维森（Christopher Davidson）在《纽约时报》上就这次债务危机发表评论："迪拜世界事件基本就是过度扩张最典型的案例，其背负着迄今为止世界上最高的人均债务。我认为，它徒有大而无用的空壳，但与一个常规的经济模式毫无共同之处。"

他指出，这并不是该地区第一次因过热的房地产开发而导致经济浩劫。在迪拜西北仅仅数百英里的地方曾经有一座巴比伦城，2000 多年前，巴比伦开发者因试图建一座通天塔而吃尽了苦头。

不过，迪拜造城的故事不仅仅是为人类狂妄自大存在危险的古老警告而增加的一个注脚，它还是一个值得我们汲取的有关政治、投资者和商业体之间无节制的关系和挑战决策失败的教训。当分权制衡不到位，或分权制衡虽已到位却没有反对充满偏差的判断时，更容易滋生狂妄自大。

狂妄自大通常源自成功。在一个并未获得重大成功的个体或组织身上，你很少能看到狂妄自大。例如，建立在一次次成功基础之上的一项事业或一个职业，将会在个体身上发展出一种战无不胜的感觉和一种控制妄想。换句话说，他们能

（通过他们的技能和聪明才智）控制周围的一切。

大公司也会被自己的成功所蒙蔽，并遗忘最初成功的源泉。它们忽视了警示信号，并用不可信的数据搪塞。即使它们承认遇到困难，也会将其解释为暂时的困难。随着市场压力日渐增长，它们过滤掉不好的数据，而只保留好的数据（有人称之为"粉饰"）。它们将其归咎于自己无法预见的外部压力，并继续冒过大的风险。到了这一步，它们已经离遭遇毁灭性的失败不远了。正是因为公司的成功才会让其失去判断力，看不到已经迫在眉睫的毁灭性失败。个人也会出现毁灭性偷袭成功的情况，这就像飞蛾太靠近火焰会引燃自己的翅膀一样。那些翅膀可以修复吗？是的——有时翅膀边缘会烧焦，但依然有可能恢复；而有时翅膀烧得太严重，便不可能恢复了。

如果狂妄自大就是未加控制的野心，并经常源自成功，那么就让我们近距离观察一下到底发生了什么。是什么原因让一位在成功背景下、以更谨慎的方式做决策的高管与一位没有这样做的高管有所区别，这与做决策有什么关系？问题的关键在于狂妄自大并且以两大妄想为中心。我们很容易看到，以这些妄想或核心信念为依托，领导者的决策可能会变成偏离现实的、精神错乱的行为。

两大妄想是这样表现的。

● **一贯正确妄想**——这种坚持一个人是完美的和一贯正确的核心信念对决策不利。这种信念还表现为缺乏谦逊，进而表现出无法看到（这种无能也许曾经表现过，但逐渐被遗忘了）一个人的成功可能有运气或机会的成分。当这种情况发展到极致，就是一种一贯正确的信念。
● **控制妄想**——这种核心信念坚信一个人可以控制一切：人、环境以及所有东西。这种信念假定一切都可以预测。一个走极端的个体会认为自己眼观六路、耳听八方，无所不能、无所不晓。

病理学根源

一个陷入狂妄自大境地不可自拔的人，经常从自己的儿童时代开始便携带这种病理。例如，一些精神病学医生坚持认为，一贯正确的妄想可以追溯到自恋型人格障碍，一个人可能在自己很小的时候便已存在这种障碍。这种妄想可能不受成功的影响，而会表现出一种强烈的权力意识和浮夸的成就感，全然不管自己在现实中获得多大的成功。

专家认为，控制妄想的人同样可以追溯到其儿童时代，一个生活在一团糟的环境中的孩子，可能希望自己具有控制眼中动荡不安的世界的能力。尚在幼年时便遭遇父母离婚、家庭暴力或类似的因素，可能会为孩子营造出一个混乱的世界，他会抓住一切机会搞清楚，并竭力控制这个混乱的世界。不管这些特征的根源在哪里，它们会表现在很多方面：

- 一种浮夸的自负感（夸张的成就感和被夸大的才能）；
- 一种强烈追求赞美的需要，这种动力来自一个人过高估计自我价值的倾向；
- 一种某人不仅特殊、独特，而且持有仅能被其他特殊的人所理解的信念；
- 一种从他人的赞赏中获得动力并谋求赞赏的倾向；
- 一种权利意识，并期待得到他人最好的对待；
- 本质上就是利用，为达到自己的目的而利用他人——虽然这种人也会咨询他人，但通常只是形式主义；
- 专注于维持这种"特殊性"，因此，对被认为具有挑战性的、特殊地位的人来说，这甚至是一种报复；
- 把其他人分成两个阵营的倾向："与我一个阵营"或"与我不是一个阵营"；
- 根本不会从失败中汲取教训，而变得自欺欺人，为一个人的不幸编织难以置信的理由。

所有这些特征的组合，我们都可以从怀有过分野心的领导者身上得到明证。

在心理学家罗伯特·霍根（Robert Hogan）、罗伯特·拉斯金（Robert Raskin）和丹·法齐尼（Dan Fazzini）合著的《魅力的阴暗面》（*The Dark Side of Chairisma*）一书中写道，自恋的领导者通常拒绝接受建议，因为他们认为这会暴露自己的弱点，而且他们并不相信其他人能提出什么有价值的内容。在制定决策阶段，人们很容易暴露这些倾向。更重要的是，作者写道，这些领导者在做出判断时带有比其他人更多的自信。因为他们的判断呈现出这样一种信念，即其他人通常会相信他们。因此，自恋者在群体情境下的影响力会大得离谱。在电影《华尔街》（*Wall Street*）中，由好莱坞影星扮演的剧中人物戈登·杰科（Gordon Gecko）便鲜活地展现了这样一个充满了狂妄自大和认知偏差的银幕形象。

名人的危险

在商业背景下，有关名人 CEO 的文字可谓汗牛充栋。就像在政治舞台上一样，我们在商业舞台上也在寻找"出彩"的领导者。而对并未表现出强烈的领袖气质和个人魅力的领导者，我们则表现得几乎没有耐心或同情心。我们将把那些敢于承认错误、暴露弱点或承认自己给不出全部答案的领导者看作懦弱的领导者。

一个富有魅力的领导者有时会被贴上"名人 CEO"的标签，因为人们感觉到他们依恋于声望，并笼罩着声望的光环。他们的光辉形象有时会因承担把一家困难企业带出困境的责任而告终，原因是董事会错误地相信陷入困境的企业需要一位知名度高、非同一般的领导者，而不是一个谦卑、不摆架子、真抓实干、让公司走向成功的领导者。还有很多领导者位高权重，缺乏谦卑感（反过来说就是狂妄自大），他们非常自负地强推自己的决策而不是组建变革联盟，并且经常利用自己所在的公司来宣传自己的品牌和知名度。

作为追随者，我们总是寻找领导者身上"出彩"的因素，这种倾向也延伸到政治领域。在当今世界的主要经济体中，已有的政治联盟非常脆弱，他们只是很勉强地在维持被捏合在一起的利益相关者（少数派）的关系。然而，选民期待的是直接的结果，他们对脆弱的政治联盟在决策过程中希望获得的投入表现得极其没有耐心。他们总在不断承认错误，而不是被表现强硬的领导者理解为懦弱。展现你的弱点、承认错误和缺陷被看作懦弱，因为它粉碎了人们对你具有的领导力的膜拜以及你自身的神秘感。我们并非只在政治领域体会到这种窘境。我们希望自己的领导者表现得更像一个名人。我们生活在全天候的新闻圈里，很容易看到一些野心勃勃的领导者没有专注于展示结果，而是更关心与公众的关系和他们希望表现出的个性。

我们就像作为领导者本身的领导者一样，对我们的领导的相关看法也存在很大的偏差。除非我们对领导权持有更广泛、更系统的观点，而不是沉迷于装腔作势的豪言壮语，否则我们制定的制度体系将无法实现分权制衡，也就无法阻止像梅西埃这样的领导者出现。他们不仅做不到服务好自己的公司或利益相关者，而且还会让其野心偏差消磨并败坏自己的思想。

野心对决策的影响

我们将介绍两个真实案例，旨在证明野心对决策过程的影响。基于显而易见的原因，为了保护隐私权，我们在尽量准确再现这些场景的同时，也对细节做了些许改动。

案例一

在全球红酒产业兼并潮中，Southern Horn 收购了拉齐奥家族公司（Lazio Estates），后者是一间家族经营的公司，营业收入只有前者的 6%，主营低档红酒。Southern Horn 因产优质红酒而在全球享有盛誉，它有三个主攻英国和美国的高档红酒销售品牌。两家公司共同占据了南非红酒产业的半壁江山。显然，这会引起本国竞争监管部门的注意。不过，交易一方拉齐奥家族辩称，这是一项聪明的防御型策略，可以确保这些标志性的红酒品牌不会落入外国人手中，他们恳请法院积极引导这种伴随重大产业合并过程中出现的喜忧参半的公众舆论。

Southern Horn 和拉齐奥家族公司当时均认为，这一交易有极强的战略互补性——Southern Horn 将自己的产品范围扩大到需求量更大的低端红酒，而拉齐奥家族公司则可以借助 Southern Horn 的全球销售平台将自己的产品推广到全球市场。

在此项交易中，Southern Horn 同意执行现金换债务协议，拉齐奥家族公司将占有扩大后的 Southern Horn 资本金的 13%，并获得两个董事会席位，而且 72 岁的公司创始人马吕斯·拉齐奥（Marius Lazio）有望在当年晚些时候成为进入董事会的第三人。拉齐奥和儿子西蒙是菲尼克斯投资公司的董事，该公司在经过这次交易之后，成为 Southern Horn 的大股东。

从一开始，公司似乎就治理得很差。Southern Horn 的两个最高级的董事在几个要求严格的国际大公司董事会内任职并频繁出差，这意味着他们过多地承担了其他董事的职责。平均下来，这两位高级董事只参加了本公司 60% 的董事会会议，并且错过了很多关键的会议，这些会议主要讨论的是重要的公司治理、风险和人事决定等议题。在这两位董事中，其中一位是董事会风险委员会主席，在此次交易期间，该委员会通过糟糕的电话沟通方式召开了多次专门会议。拉齐奥家族公司的高管很快填补了这方面的真空，控制了整合决策，接着把约翰·西伯特 [John Siebert，拉齐奥家族公司前 CEO 兼副主席，马吕斯·拉齐奥（Marius Lazio）大女儿的丈夫）] 带进了董事会，从而稳固了这个家族的权力基础。拉齐奥家族除了对现金交易比较熟悉之外，此前并没有经营上市公司的经验，并且只开过一个家族经营的企业，雇用了200 人，只拥有两个品牌（Southern Horn 当时有 4000 名雇员和 50 多个红酒品牌）。很快，公司便开始在治理方面出现问题。

约翰单方面做了很多战略性的决策，这些决策本应经过公司董事会批准，但实际上并没有。不过现在，他的岳父也在董事会里，他对所有决策很清楚并基本都参与其中。作为很有个性的人，马吕斯和约翰似乎正在有效地经营这家公司。在当时，没人认识到这是公司治理的问题。约翰很快任命来自拉齐奥家族公司的首席酿酒师为 Southern Horn 的首席酿酒师，新公司的规模比老酒庄大了 10 倍，红酒品种复杂得多，价位也高出很多。很快，拉齐奥的酿酒师便开始负责很多 Southern Horn 旗下的大酒厂，推翻了很早便建立起来的葡萄采收渠道和葡萄栽培规定。显然，这些酿酒师只清楚低价策略和快速迎合市场需求的红酒。约翰将注意力放在了利润更高的红酒上，并由此导致利润率较低的优质品牌红酒含金量降低，这一决策不仅冲击了市场，还逐渐破坏了 Southern Horn 生产优质红酒的信誉。一些备受消费者喜爱的红酒品牌因遭到挑剔的消费者的厌恶而停产。

约翰作风专横傲慢，开会时粗鲁无礼——特别是面对不同意见时，他蔑视并且不尊重管理团队成员。他在最初几个月里根本没有主动了解两家企业之间的差异，而且事实上，他刚履职没几天便在公共论坛上公开批评 Southern Horn 的管理层。有经验的酿酒师因反对与葡萄栽培有关的规定而被撤职。当种植户开始抱怨自己在价格协商方面遭受不公正待遇时，约翰公然将其称作只会抱怨的白痴。有关拉齐奥家族公司的各种新闻在这样一个因致密关系网而出名的行业内迅速传播。经销商谈到自己和来自拉齐奥家族公司粗鲁无礼的销售人员打交道时的厌恶之情，并逐渐撤离了该公司的销售网络，使支持 Southern Horn 红酒的店家和销售渠道越来越少。在很多人看来，整个兼并过程似乎更像一次反向收购，来自拉齐奥缺乏经验的年轻酿酒师被提拔到关键的红酒酿造岗位，使得很多具有国际声誉的酿酒师离职，这些人很快便在 Southern Horn 的重大竞争对手那里谋得了酿酒师或咨询师的职位。约翰经营公司最看重的是忠诚度，与其意见不同者很快就被剔除出去。那些市场营销能力很强的高管都相继离职，并加盟了 Southern Horn 竞争对手的公司；而那些不具备市场营销能力的人却选择留下，让 Southern Horn 因公司人才库枯竭而备受损失。一种痞子文化在整个组织内部蔓延，但董事会却似乎对此熟视无睹。

股东和市场分析师开始质疑 Southern Horn 所付出的巨大代价和整合一年后的公司状况，更令人焦虑的是其获取协同价值遭到的失败。拉齐奥家族包括约翰在内依然对此无动于衷，他们罗列了行业竞争、红酒供过于求等各种借口。董事会似乎无法采取任何行动来反对作为大股东的拉齐奥家族，董事会会议上开始出现分歧，并且一直延续多年，而 Southern Horn 作为优质红酒公司的信誉度呈螺旋式下降。不到五年时间，该公司的市值已经跌去一半。与此同时，约翰暗自花数百万美元为自己在英国和南非修建新的办公室，而且并没有收敛自己经常举办豪华宴会和公费度假等霸道行为。对约翰的任何异议都被消灭在了萌芽中，没人能质疑他的决策。虽然高管会议被逐渐取消，但对报告不透明的质疑却随着谣言一起传播。据说，拉齐奥家族为了将公司据为私有，围绕着董事会席位问题已经获得了足够的支持，并竭力摆脱了股东的监督。

随着市场传言继续发酵，机构投资者迫使董事会主席辞职。新主席首次向市场发表谈话时称："在我看来，Southern Horn 存在的问题与我们的红酒产品、酿酒过程或酿酒的基本工艺无关，而只与我们经营公司的方式有关。"很快，大笔红酒库存和相关资产被作为销账处理。

这家酒业巨头在不到一年的时间内第二次宣布收益下滑两周之后，约翰被迫辞职。即使离职后，他还在把经营不善归咎于廉价红酒的冲击和竞争加剧。

四年后，Southern Horn 被一家国际饮料公司收购，后者着手开展市场营销活动以提升品牌价值，并彻底了断了低价折扣的企业文化；同时，重新树立其地区品牌形象，还与损害 Southern Horn 在红酒行业内品牌价值的拉齐奥家族产业划清界限。

Southern Horn 董事会的决策偏差

虽然这个案例围绕拉齐奥家族的活动展开，但 Southern Horn 董事会所做的决策及其对公司治理的影响才是其最有意思的地方。首先，董事会允许拉齐奥家族将公众对外资持股的反感当成谋私的工具，并由此使他们获得了与高于其股份相对应的发言权。而最有经验的董事会成员（他们负责和本案同样复杂的交易）经常缺席会议，导致其无法在公司治理良好的情况下正常开展分权制衡。其他利益相关方无法挑战董事会的决策，从而让拉齐奥家族的狂妄自大达到疯狂滋长的地步，特别是其对 CEO 的任命缺少尽职调查。不仅如此，董事会在董事会管理工作这样至关重要的事上，让有一定社交优势的拉齐奥家族几乎掌握了全部话语权。虽然拉齐奥家族指出，他们推选的 CEO 候选人在红酒行业内具有丰富的经验，但一些更为深入的尽职调查显示，该候选人之前只是在拉齐奥家族企业中尽到一个女婿的职责，并且他并没有管理上市公司的经验。在遴选 CEO 的过程中，经验、能力和业绩也没有作为董事会优先考虑的要素。一个警惕性高的董事会明智而审慎地寻求一个整合计划，将其作为一种过程审查工具并主动辨别重大风险，它本该把所有线索集中起来之后作出综合考虑。

什么样的决策会产生一种不同的、颠覆性的结果

在实施重大的"颠覆性"收购时，董事会需要确保"全员做好准备"——所有会议都必须是董事会全体成员（特别是具有丰富并购经验和专长的成员）参加。董事会可以考虑采取全球招聘的方式来寻找 CEO，并且把拥有并购和管理上市公司的经验作为优先条件。在任命一位新 CEO 的过程中，经验、能力和业绩应该是董事会首先要考虑的问题。

一个表述明确的过渡与整合计划本该确保分权制衡到位，而且在整个计划过程中有准确的报告。董事会风险委员会不仅要监控财务风险，还要积极主动监控信誉风险和经营风险（在本案例中，正是经营风险最终毁掉了重大股东价值）。

案例二

2000 年 12 月，之前毫无零售经验的罗伯特·纳德里（Robert Nardelli）出任了家得宝公司（Home Depot）CEO。他准备借鉴在通用电气公司（General Electric Company，GE）推行的六西格玛（Six Sigma）管理法，彻底改革该公司，并替换原有的企业文化。随即，他实施了一项激进的计划，加强对这家仅排在沃尔玛之后的第二大零售商的集中控制。他在新技术方面投资了 10 多亿美元，如自助结账通道和生成大量数据的存货管理系统。他宣布，他希望过问公司的每一件事，而且要求高管们严格对自己的雇员负责。所有这一切对于一个管理相对松散的组织而言都是新鲜的，因为人们都知道家得宝公司的门店经理行使的是独立管理权，这体现的是轻松、和谐的企业家风格。他改变了这种分散管理结构，削减、合并部门高管岗位，许多岗位人员都替换为没有零售经验的 GE 高管。但令他备受指责的措施是裁撤了具有相应行业知识和经验的全职雇员，改用兼职且几乎没有行业经验的帮工来代替。

纳德里引以为豪的是，实施这个计划使这家连锁企业的销售额翻了一倍，并改善了其竞争能力。当然，这种说法并不完全准确，其中部分成就归功于美国住宅市场的繁荣。公司的营业收入从 2000 年的 460 亿美元增加到 2005 年的 815 亿美元，年平均增长率达到 12%，而税后净收益从 25.8 亿美元增加到 58.4 亿美元。尽管他的表现有目共睹，但家得宝的股票却一直低位盘整，而竞争对手劳氏的股价都已翻倍。那么，为什么这样的业绩没有在股价上表现出来呢？事实上，家得宝的股价依然停留在纳德里六年前刚上任时的水平上。虽然并不能将所有原因都归结为纳德里的傲慢和狂妄自大，但股价毫无起色确实与他有很大关系。

由于家得宝的股价停滞不前，没过多久，便有很多在纳德里改革过程中被疏远的利益相关者（雇员、客户、市场分析师和股东）开始公开发泄不满。也有一些相对温和的评论认为纳德里做出的"数据很棒"，高盛集团（Goldman Sachs）的分析师马修·法斯勒尔（Matthew Fassler）说："事实上，这家零售企业从未真正接受纳德里的领导风格。"另外，南加州大学马歇尔商学院高效组织研究中心主任爱德华·E. 劳勒（Edward E. Lawler）评价道："他并不是一个谦虚的人。他似乎精力旺盛，但应该将其用在正确的地方，而且这种热情很快就会因处理董事会和雇员等事务而被消耗殆尽。"

然而，在家得宝多达 355 000 名雇员中，特别是在普通工人中，他几乎得不到支持。他们怨恨数千个全职职位都被兼职职位所替代（这只是纳德里冷酷无情的裁员计划中的一项，他因此将公司毛利率从 2000 年的 30% 提高到 2005 年的 33.8%）。士气低落的雇员将矛头指向导致客户服务衰退的"恐惧文化"。

就像对待雇员的态度一样，纳德里也完全疏远了客户，这可能是令其彻底丧失长期执掌家得宝机会的原因。削减家得宝员工的工作岗位导致其持续不断的抱怨，在家得宝如同巨穴一样深邃的店堂中，没有足够多的工人能帮助自助采购的消费者。2005 年，家得宝在密歇根大学全美消费者满意指数年度排名中滑落到美国主要零售商的倒数第一。纳德里将此调查斥责为欺骗。"鲍勃·纳德里①是个聪明人，但他不适合担任曝光率高的大公司（如零售企业）的领导人，"一位家得宝前高管评论道，"他应该到制造业任职，那里不会受到这么多的消费者关注。"

纳德里与华尔街分析师的关系也同样紧张，他对自己经常关注的一些被他公开贬斥为毫无用处或早已过时的评价指标表示愤怒。瑞士信贷第一波士顿银行分析师盖里·巴尔特（Gary Balter）说，纳德里与华尔街关系不好，并因为分析师怀疑他把一家零售企业改造为一家专业服务承包商而感到不高兴。"他指责华尔街总是挑他的问题，"巴尔特说，"但华尔街希望看到结果，但总也看不到。"

纳德里实施的举措缺少结果，人们至少在公司股价上没有看到任何改观，股东们心中的怒火不断加剧。令他们更感到挫败的是纳德里在过去六年里不断增长的薪酬：他的工资、奖金、股票期权和其他额外津贴加在一起超过了两亿美元。

虽然在纳德里的多数任期时间里，董事会都表示坚决支持他，但对其领导能力的质疑却在 2006 年达到顶峰。据说，纳德里本人也对多年来不断维护自己的业绩记录和向股东道歉感到厌烦。因此，他就公司是否有必要每年召开股东大会而寻求合法认定。他预料到股东大会将会由"股东活动家"控制，于是打算以快刀斩乱麻的方式让大会尽早结束。在 2006 年的股东大会上，除了他之外没有其他董事会成员到场。面对愤怒的股东，纳德里在两位高管的协助下主持了这次会议。他既未汇报公司的经营情况，也未解释董事会其他成员缺席的原因，而且对每个问题都不做正面回应。他的做法也因此出了名，他只允许每位股东发言一分钟并只提一个问题，一分钟之后，数字时钟立刻会切断他们的麦克风！他将股东大会的总共用时控制在 30 分钟之内。并无多

---

① 鲍勃是罗伯特的昵称。——译者注

大悔意的纳德里后来解释道："我们实验了新的会议形式，不过没有成功。"

2006 年，《华尔街日报》将纳德里嘲笑为"过高薪酬的典范"，随后董事会开始审查他的薪酬情况。在与董事会就其备受争议的高薪酬做过一番争吵之后，他最终于 2007 年 1 月辞职。虽然他同意不再坚持每年继续获得最低300 万澳元的额外津贴，但还是拒绝接受将自己报酬的可变部分与股价绑定，并辩称股价是 CEO 无法控制的事。

纳德里离职后去了私募基金公司工作，在那里，他再也不用开股东年会或接受股东质询了。

纳德里的决策偏差

2007 年，在结束家得宝任期时，纳德里显著提高了公司的盈利能力。然而，傲慢和狂妄自大最终让他丢掉了工作。他为人尖酸刻薄，以及一直在与市场和批评他的人公开对峙。这种状况直到 2007 年，他与董事会造成最后的僵局表明其已经严重偏离了现实。CNBC 称纳德里是"美国有史以来最糟糕的 CEO"之一。到其离职时，他已经与大多数利益相关者关系疏远了。

什么样的决策会产生一种不同的、颠覆性的结果

假如纳德里在领导方式上采取一种更加开放和协商的态度，承认在不牺牲消费者或雇员利益的前提下，还有其他可以提高盈利能力的方式，家得宝也许能探索出一条不同的道路。考虑到他进入的是一个他完全不了解的行业，这就要求他变得平易近人，并认真听取他人的意见。此外，为了弥补他在零售业缺乏经验的现状，雇用有能力的零售店员本可以帮助他挑战改革计划所依托的一些设想。"要么听我的，要么走人"式的管理风格导致他解雇了很多有经验的零售店员，他们对他实施改革计划的方式表示质疑。他把那些挑战自己的人归入非"家得宝重要雇员"中，这种方式便是其二元性思维（非此即彼）和并非个别的管理风格的典型例子。董事会本该将家得宝的营业收入和收益提高与房地产市场的繁荣做个对

比，以确定他的工作业绩是先于房地产市场的繁荣，还是因为搭上了顺风车，从而在其履职之前获得一些更为客观的分析。他们还可以从更广阔的视角看待其业绩，而不是只看到利润增加，还要考察公司利润增长的可持续性。

▶认知偏差的危险信号

当看到下述情形时，你将知道狂妄自大或过分的野心什么时候会让决策过程出现偏差。

① 很少听取他人的意见——即使有咨询人士在场，也只是走形式。

② 不同意见的声音被有组织地噤声。

③ 不是以技能或业绩为依托的野心——业绩造假的情况泛滥。

④ 存在自恋倾向的证据。

⑤ 一种个人行动（不管是你的还是他人的），永远正确的态度或信念。

⑥ 决策似乎还未开始讨论，便已提前确定了。

⑦ 一种在组织内部或局部盛行的优越感。

⑧ 对一个人具有的市场优势或领导能力根深蒂固的自我满足感。

⑨ 一种假定成功将会持续的倾向。

⑩ 消灭竞争者存在的潜在威胁的倾向。

⑪ 由部分高管而不是全部高管所执行的决策——存在一个强大的"参谋团"。

⑫ 一种个性驱动型文化——一个因其个性而非价值观而受到赞赏的名人CEO。

⑬ 一种专制、独裁的管理风格。

⑭ 一种价值冲突，例如，企业所有权与家族所有权的价值冲突。

⑮ 无视股东的关注，哪怕这种关注是多么微不足道。

▶ 重塑决策思维

为了消除狂妄自大或过分的野心对决策产生的影响，我们建议采用以下成功策略。

反思心态

- 对所有利益相关者表现出真正的好奇心。
- 视所有利益相关者都持有合理的观点，并尊重他们提供信息的权力，即使你对其观点并不赞同。
- 为了挑战自己的思想或设想，对竞争者在做什么保持好奇心。
- 成功经常源自机会或运气，因此此类成功往往昙花一现，要对这一事实保持警惕。
- 视持有不同意见为决策过程的一个有机组成部分。

反思参与者

- 让那些不畏权势、愿意说真话的人成为你的左膀右臂。
- 不要仅仅依赖一个人或一类专家的建议或信息。
- 打通倾听和获取利益相关者多重观点的渠道，即使信息并不如你所愿。
- 创建一个可以独立审查执行部门所做决策的咨询委员会或类似机构。
- 确保你的外聘咨询师真正独立。
- 定期获得被公司全体而非部分利益相关者所感知到的"声音"。
- 积极扶持少数派的观点，将其作为拓展辩论和讨论的一种方式。
- 反思你的团队组合的多样性并做出改变，引入更多的思想和挑战。

反思过程

- 构建一个充满活力的、透明的过程，让抱怨从"采煤工作面"——客户、供应商和雇员——升至"地面"，并系统调查任何带有分歧的观点。
- 构建一个严密、可靠的跟踪与监控竞争对手活动的过程，并开诚布公地传达其含义。
- 在需要做出关键决策时，确保所有决策团队成员出席。
- 在主持会议时鼓励提出有异议的、不讨人喜欢的问题或挑战主流观点的问题。

THE SECRET LIFE
OF DECISIONS

How Unconscious Bias
Subverts Your Judgement

08

依恋可能会让我们误入歧途

2005 年，有报道首次披露鲁伯特·默多克（Rupert Murdoch）的传媒帝国新闻集团涉嫌电话窃听。直到 2011 年中

> 挑战偏差：我们寄托在理念或人身上的情感越多，越会做出较好的决策。

期，伴随着莱韦森爵士（Lord Leveson）主持的英国政府公开调查报告的发布，有关英国一位被害青少年遭到电话窃听的后续报告让完整版的默多克丑闻水落石出。在此之前，我们看到的还是一位企业家如何成为全球传媒大亨的传奇故事。1952 年，他在南澳州阿德莱德接手了父亲留给他的一家小报社，并由此起步；到 2000 年，他已在 50 多个国家里拥有 800 多家公司，公开净资产超过 50 亿美元。然而，电话窃听丑闻只是困扰默多克新闻集团最微不足道的一个小问题。

默多克新闻集团存在的较大问题来自默多克创造的企业文化——这种文化围绕着一个人的气质而生，默多克有很多位高权重的朋友，而且他总是私下里认为最终结果会证明这些方法合乎情理。默多克的报纸秉持的理念是"公众有知情

权"。带着对这种价值观的强烈依赖，默多克培养出一种强烈的企业文化氛围，其新闻集团的记者、文案、编辑和总编也完全相信自己有权采用任何方式、方法把真相带给公众。正如他的一位英国报纸编辑在向英国政府迫于民愤任命的莱韦森调查团队作证时所说的那样，他当时相信并且现在依然相信，通过电话窃听获取事件真相是一种合理、合法的方式。

调查一开始只针对默多克的其中一份报纸《世界新闻报》（ *News of the World* ），但随着调查的继续，调查团队已将注意力扩大到默多克的另外一份报纸《太阳报》（ *The Sun* ），并揭开了"回报文化"的面纱。默多克先前坚持认为，窃听和轻微的行为不端是报社记者的职责。一位警察总监在向莱韦森调查团队作证时称，为了向包括政治家、警察和其他公共部门官员在内的信息源支付信息费，在过去的几年里，《太阳报》的一名记者领取了近 50 万英镑的经费。

一旦对这样一种做事原则或方式产生依赖，人们便很难看到一种企业文化如何"置身事外"，并用其检查自己的做事方式是否符合道德标准。虽然以任何合法的方式获得事件真相并不是犯罪行为，但你可以看到因始终不渝地依赖于"公众有知情权"的理念，人们很容易在做事时不择手段、忘乎所以，从而引发法律诉讼。你可能认为自己在保护公众的利益，而实际上，你已经跨越了法律的界限。我们在发挥能力和动力的同时，如果过分依赖于做事的方式、愿景、策略、团队或个人，你就可能像这个案例那样导致自己严重地迷失方向。

像新闻集团这样的公司并非个案，你会发现自己在做事时依赖于有争议的价值观，事后证明，你很难对此做出辩解。

与依恋有关的偏差

人类是天生的社会性动物，对信念、原则、事业或其他人的依恋都是出自天性。例如，我们经常从他人那里获得自己的自我价值感；我们因从他人那里得到对自己的工作认可而获得自豪感；我们通过他人的成功来衡量自己的成功等。稍后，我们将在本章中探讨这些倾向。

在工作场合，一个对自己的团队有强烈依恋的领导者会感到自己对团队有种强烈的忠诚感，他在业绩或行为等问题上可能比那些没有对团队产生类似依恋的人表现得更为宽容。不过，这种个人依恋的对象不仅限于人，还包括想法或策略以及其激发的情感，这些都可以强有力地组合在一起。在第 4 章中，我们介绍了能多洁公司具有超凡魅力的前 CEO 克莱夫·汤普森爵士如何成为经验偏差的牺牲品。其实，他还对与收购交易相伴而生的发自内心的感受怀有强烈的依恋。他向听众描述了自己所经历的近 130 笔交易，谈到"令人兴奋的交易过程、晨会、与投资银行家讨论投标策略、让银行家掌握太多控制权的危险、充实投标文件的内容，以及被收购一方正在经历同样的过程但却几乎没有什么经验的认识"等。他不仅着迷于通过收购而得到增强的信念，也同样着迷于与之相伴的情感——这是一种使所有判断产生混乱的、真正危险的结合。

一个组织也可能对使其误入歧途的策略和使命产生依恋，这点已经被那些继续坚持一种曾经与众不同的策略而最终自生自灭的组织得到证实。这样的依恋可能代价高昂，人们很难摆脱其桎梏，并以此毁掉了整个行业。我们通过瑞士手表（Swiss watch）这个行业案例来阐述如何在一个行业水平上产生依恋。

根据《时间革命》（*Revolution in Time*）一书的作者大卫·兰德斯（David Landes）介绍，在 20 世纪 70 年代之前，瑞士手表产业占据了世界手表市场的 50%。在 20 世纪 50 年代末至 20 世纪 60 年代初，日本精工株式会社（Seiko）与瑞士顶级手表制造商联合会竞相开发石英表。1969 年末，精工制造的世界首块石英表 Astron 诞生；而 1970 年，瑞士首块指针式石英表 Ebauches SA Beta 21 也在巴塞尔博览会上发布。尽管已经取得了这些进步，但瑞士人还在犹豫到底是融合新的石英表生产技术生产手表，还是坚守自己国家大力扶持的机械手表产业。到 1978 年，石英表比机械表更受欢迎，这让瑞士手表产业陷入了危机；与此同时，日本和美国的手表产业却壮大起来。在所谓的石英革命的推动下，许多曾经盈利颇丰的著名瑞士手表公司宣布破产或不复存在。1983 年，机械手表产品最危急的时刻终于到来。1970 年，瑞士手表产业有 1600 家手表厂，而当时已缩减到 600 家。为了挽救这个产业，瑞士 ASUAG 集团（瑞士钟表工业公司）成立，它于 1983 年 3 月发布了其研究成果，即斯沃琪手表（Swatch）。最终，斯沃琪取得了巨大成功。在不到两年时间里，斯沃琪的手表销售量超过 250 万块，它花了 13 年的时间让瑞士手表产业消除了对一项已经风光不再的技术的依恋。时至今日，有些产业仍然因坚持令人裹足不前的偏差而正在经历类似的混乱变局。

受消费者消费行为的影响，没有哪个产业像零售业那样正在经历着显而易见的变化。目前，大多数国家随着宽带网络的接入，有多达 15% 的消费者都在网上购物；而在几年前，这一数字还不到 1%。在接下来的几年里，这一趋势仍将继续以指数方式增长。尽管如此，许多占据繁华地段的连锁店和商场（因对建立有效的在线销售毫无兴趣而备受指责）还在继续通过增加传统店面的方式提升销售额。在这些产业层面变化的背后，与其他顺应潮流改变的公司相比，一些公司因对传统商业模式或平台的依恋使其遇到了更大的困难。

哈维诺曼公司（Harvey Norman）是澳大利亚最大的电气设备与家电零售商，年营业额超过 20 亿澳元。该公司的 CEO 格里·哈维（Gerry Harvey）是有名的"大嘴"，他经常在媒体上抱怨自己见过的（来自在线商务的）不公平竞争。哈维的发声不幸引爆了与澳大利亚消费者和消费者团体的一次非常公开、非常不堪的论战，后者认为他在拒绝接受消费者希望购物的现实。产业评论员从另一个角度指责他在安逸地掌控着市场方向，而对零售业即将到来的、极具根本性的变革视而不见。哈维反而竭力说服澳大利亚联邦政府撤销海外购物不足 1000 澳元免消费税的规定。他把希望寄托在这种方式上，但却不挑战自己依恋传统零售模式的决策，这是一种失败的判断。他对传统店铺形式的依恋导致其将网络销售视为公司的敌人，而不是一种机遇。尽管哈维诺曼公司是一家经营超过 30 年的老企业，但在过去的三年里，该公司的股价已经遭到腰斩。和其他大零售商一样，哈维引发网络骚动之后，哈维诺曼公司稍稍放缓了执行多渠道战略的速度，即混合经营模式，而增加了自己的网络营销比例，并与社交媒体合作（因哈维抱怨的是那些网络营销竞争对手，而不是渔翁得利者）。虽然网络销售额增长强劲，但依然只占零售总额的 5%。不过最近，澳大利亚国家银行的网络零售指数增长率已经到了年均近 20%。澳大利亚的大零售商已经沦为依恋过去的牺牲品。

几十年来，TalentInvest 公司利用 FIRO-B 自我评级工具（威尔·舒茨博士于 1958 年发明的基本人际关系导向行为测试）进行了人际需求评估工作，这为借助基本人际需求的基础理论来评估依恋偏差程度提供了依据。

需求理论

舒茨理论简单解决了人需要得到满足的三项基本人际需求问题：

- 包容的需求（属于最原始的人类需求）；
- 影响的需求；
- 联系的需求。

在我们每天都会经历的情形中，有可能会遇到这些需求，这取决于我们用来追求需求满意度的积极行动。不过更有趣的是，来自数百位被试的 FIRO-B 数据显示，我们在人际关系（联系的需求）和属于某一群体（包容的需求）方面带有偏好，有时还要承担结果受到影响的风险（影响的需求）。这就是说，即使对实现自己的目标没有帮助，我们也倾向于受到那些喜欢我们的人或与我们相似的人的吸引。这会引发很多重大问题。例如，对一个专业人士而言，如一个独立审计员或其他财会人员，他们在为客户编制的报告中能否做到真正的独立？我们稍后将在本章中探讨这个问题。

认可的需求

我们人类拥有和享受情感依恋的需求，这些本来不存在问题；而我们对认可的需求却可能经常引导自己做出糟糕的选择和决策。

人在很小的时候，会不知不觉地沉溺于寻求认可的行为之中。对我们中的很多人而言，认可的需求开始于儿童时代——当我们很小的时候，我们需要得到父母的认可。所以，我们学着希望得到他们希望给予我们的东西，并变成优秀的认可寻觅者。不幸的是，当我们逐渐长大，并开始将这种寻求认可的行为推广到自己的老师、有影响力的同龄人甚至老板时，问题就出现了。在此过程中，我们不知在什么地方失去了确定自身需要的能力（或者我们从未获得过这种能力）。而且这种习惯一旦养成，经常一生不变。

寻求认可行为的核心是：在我们的自我意识中，存在着期望他人填补意见/观点的漏洞，并经常据此确认自己的价值。这种行为可能会披上一些伪装。比如我们表达出需要某人理解我们所谈论的、所经历的或对我们很重要的愿望，但这种需要他们更好地理解我们的需求，实际上就是我们需要他们认可"我们是谁"和"我们怎么样"。

这里具有特别重要意义的是，那些对认可有强烈需求的人为了努力向他人证明自己将会做出决策，这些决策有时可能会产生灾难性的结果，而且通常根本不是正确的。当我们心里有取悦他人的需求时，除了证明我们自己之外，我们经常不愿对任何可能被遗弃的事（不管是不受欢迎的还是有争议的）表明立场，唯恐自己会让他人不高兴并招致其不认可、厌恶或愤怒。

究其根源，这是"害怕不被认可"的心理在作怪——当你要做自己想做的事、说自己想说的话并成为自己想成为的人时，你可能会担心别人在琢磨或谈论你。有关恐惧及因恐惧导致的带有偏差的决策，我们已经在第6章中做了详细分析。

为了考察你对认可的需求或取悦他人的需求在多大程度上会让你的决策出现偏差，请参照下面的表述反省自己：

- 当有人不赞成我时，我感到心烦；
- 当有人拒绝我的想法时，我认为他们看不起我；
- 当有人喜欢我的想法时，我认为他们更喜欢我；
- 当有人挑战我的想法时，我感觉他们是在挑战我；
- 当有人不赞成我的想法时，我倾向于认为还有很多人也不赞成；
- 当房间里有人比我更有经验时，我感觉很不自在；
- 只有当我感觉其他人可能接受时，我才会发表自己的意见。

如果你发现自己赞同上述大部分表述，那么你希望获得认可的需求可能会潜在地引发自己的决策偏差。你可以在一位有经验的高管教练和一位值得信任的导师的指导下，培养自己的相关技能。这些技能包括：当你的需求正在被放弃或被他人的需求劫持时，学着经常说"不"；按照你的而非他人的规则来定义自己；清楚自身的价值和价值观，并准备为那些价值观付诸行动，它们对做出理性判断和重大决策至关重要。该领域研究的领军人物、哈佛大学学者罗伯特·基根（Robert Kegan）认为，这是一个人逐渐成熟的阶段。

相信我们的客观性

人们对依恋的关注通常伴随着公司丑闻和溃败而来，并且这些并不仅限于审计师，而是所有面向公司的专业咨询师。

心理学家所做的研究显示，当个体就决策过程做出判断时，他们在对自己的客观性保持信任的同时，在不知不觉中就能得出符合自己利益（或亲密伙伴的利益）的结论。这些个体并非故意堕落或缺乏道德，他们只是不如自己想象的那样客观。

在一份最近刚刚完成的研究报告中，墨尔本大学会计系的科林·弗格森（Colin Ferguson）和简·赫龙斯基（Jane Hronsky）调查了在专业和法律标准要求独立和无偏差意见的背景下，无意识偏差对专业判断的影响。他们的调查结果很有趣。

在他们的实验中，一位独立会计专家计算因一次合同纠纷所造成的损失。这场纠纷涉及双方，每方都有权聘请自己的专家提供评估证据。不过，在提供这份专业意见时，专业会计师受到保持行为规范独立性的约束。他们的研究结果显示，尽管有规范要求，但他们的判断偏袒委托方的利益。这就是说，由原告的专家证人计算出的损失始终大于由那些被告方专家证人计算出的损失。

在另一起他们设计的模拟纠纷中，存在争议的不是该纠纷的责任问题，而是索赔的数额。他们选择了法律财会专业的研究生作为研究对象。这些研究生多数都拥有专业会计经验（为了确保专家证人和会计师保持独立性，他们都参加过为期12周的相关法规的培训），他们作为法律财会专家被随机指派给原告方或被告方，并被要求根据相同的事实计算出经济损失。之后，安排执业律师反复盘问每方的专家，报告他们各自对经济损失的意见。

实验显示，即使被试对客户缺少真实的经济依恋，并且与客户（原告方和被告方）之间仅存在虚假的关系，依恋偏差依然存在于这个受控实验中。他们推测，在现实世界中，依恋还有更大的影响，因为专业人员的工作目标是为了获得客户的具体报酬，并且他们存在真实的关系。

他们进一步观察到，在一份专业的专家意见中，对于专业判断不能受到偏差、利益冲突或他人潜在影响的预期非常强烈。不过，虽然这事实上是一种崇高的理想，但现实可能会迥然不同。

所有专业服务提供方的关系都不可避免地受到依恋偏差的影响。与其假装这种偏差不会影响专家的意见，倒不如确认客户和监管部门有责任考虑偏差的因素。

总之，我们倾向于低估依恋的力量，它们对我们的决策和贡献有着微妙影响。依恋会带来积极的结果，但它们也会带来绝对消极的结果，而且通常不容易被识别。不过，虽然依恋和认可的需求可能会干扰我们的判断和决策，但我们作为人类有能力产生共鸣并建立起情感关系。作为一个领导者，具有良好的情感智力（EQ，经常被用作此类情感的综合表达方式）是成功的必要条件。在商业文献中，我们随处可以找到低EQ的领导者最终导致自我失败的例子。那么，一个人如何获得良好的平衡？我们如何培养并重视自己的依恋之情，不让那些情感破坏自己的客观态度？当我们的观点可能被他人（包括客户在内）感知为不受欢迎或令人讨厌时，我们该如何轻松表明自己的立场？我们将在本章中介绍应对这些问题的策略。

依恋对决策的影响

我们将介绍两个真实案例，旨在证明依恋对决策过程的影响。基于显而易见的原因，为了保护隐私权，我们在尽量准确再现这些场景的同时，也对细节做了些许改动。

案例一

林是一位连续创业者，也是 Homestar 公司的执行总裁。他从少年时代起便怀揣一个梦想，他要成为中国的"理查德•布兰森"①。在他看来，创业成功的要诀是把世界范围内快速的城市化进程和需要更多精美家用电器的中产阶级急剧增长这两种因素结合起来。在中国香港的商业圈里，他作为一位新锐领导者迅速积攒了人气，这不仅因为他专心追求自己的"愿景"，也因为其与众不同的经营方式。

林的全方位视野来自于他在耶鲁大学和哈佛大学取得 MBA 的求学经历。在哈佛大学时，他的创业天分得以展现。与此同时，他获得了将创业雄心转化为坚实的路线图和可持续事业的手段。回到中国香港后，林为很多企业家工作过，在本地市场塑造了自己的形象，并利用这段时间更好地了解了亚洲市场特别是中国内地市场的潜力，后者的发展速度超过了香港的其他市场。

2005 年，他成立了 Homestar，这是一家接受了风险投资的家电制造公司，它在不到三年时间里成长为营业收入超过五亿美元的大企业。紧接着，他在香港成立了三家专为像香港这样的亚洲城市的高密度生活设计家用产品的公司。他的品牌成为创新、时尚和炫酷的代名词。每个人都希望拥有一件 Homestar 的家用电器！

现在，他感到收获的季节即将到来——他将制造基地迁至中国内地。虽然当时很多中国内地公司正在从事出口加工业务，但林认为自己切入内地市场的策略是很关键的一步棋。他与一家重庆的公司组建了新的合资企业。这项交易是通过 Homestar 香港总部的 CEO（向林汇报工作）与内地之间业已

---

① 理查德•布兰森（Richard Branson），英国的百万富翁，维珍（Virgin）品牌的创始人。——译者注

存在的重要关系而达成的。然而，当地政府希望获得 Homestar 的一个重大让步，即将香港方面的研发部门包括在合资企业内。

林对这个请求感到很焦虑，他连忙找到世界各地与中国内地有合作经验的很多同行咨询，并认识到这种做法存在风险。不过，他也知道，虽然 Homestar 的研发能力是其竞争优势，但不答应这一请求可能会限制或拖延自己认为的进入内地市场的敏感时机。林的朋友介绍了自己与内地公司组建合资企业的经验，并建议他放弃这一计划。他们指出，他还有几个备选方案，但可能需要一定的时间。林认为他们提出的建议不够果断，所以不准备采纳。另外，他感到时不我待，如果继续拖延下去，他再尝试进入内地市场就与自杀无异。他还感到，朋友们的经验与自己现在所处的状况有所不同。他的律师也表示出对此事的关注，认为投资内地制造业采取"慢慢来"的方式也许更为明智。虽然有咨询师的忠告，但林很快便将其抛在脑后，他同意这一让步，仿佛自己要创造的家喻户晓的家电品牌"愿景"，现在就已触手可得。

林认为，他需要一个配合良好的管理团队和将西方管理方法定制到中国内地商业环境的能力，于是他把 Homestar 的一个只接受过西方教育的香港核心团队（林对团队很多成员都非常了解和信任）派驻到合资企业中。他还邀请重庆某公司两位重量级高管加入自己的管理团队，希望打造一种强大的凝聚力和协调力。林相信，这种合资企业策略将会完美诠释自己的"愿景"。

不过，在当地政府的参与下，管理一家合资企业的复杂性让他们有些始料未及。合资企业成立之后，当地政府要求将全部研发活动放在合资公司，此举遭到林的反对。而这也使生产优化和创新等各项工作放慢了速度。当销售开始放缓时，林和自己的中国区 CEO、重庆某公司以及当地政府开始了高层会谈，以便消除已经发现的瓶颈，加快决策进程。不过，尽管经过反复商讨，林和他的香港团队终于明白，无论他们做出任何改变，其影响力都非常有限，并且提到合资企业的本质，无论是在重庆某公司内部，还是在当地政府代表心里，他们都没有形成真正的共识。

经历了 12 个月无果而终的协商，同时销售状况也很平淡，中国 Homestar

被几家当地企业接手。它们似乎充分借鉴了 Homestar 的遭遇，并具有先行一步的优势。团队中更多忠诚的成员相信，林现在因一意孤行而赔了夫人又折兵。他们变得沉默寡言，感觉到在林不惜一切代价也要保证项目成功的坚定不移的野心驱使下，自己已经失去了选择与行动权。尽管律师反复建议林放手并终止这项协议，但林还是又坚持了 12 个月，直到靠亚洲其他地区的盈利项目积累的现金储备消耗殆尽才最终收手，而他所期待的"愿景"则成了一场梦。

林的决策偏差

即使身处现实的风险之中，林对"愿景"根深蒂固的依恋依然没有动摇，只是他早早地便对那些风险做出了不予考虑的决策。这份依恋似乎颠覆了他作为一个有能力、有经验的企业家应具有的敏感性。他甘愿忽略来自自己最信赖的知心女友的劝告，而支撑他的信念是只要采用西方的观念协调好自己与重庆某公司高管和当地政府官员的关系，此类问题便可以得到解决。他对一种快速实现自己"愿景"的方式充满依恋，而对更多快速进入中国内地市场的替代方案的调查和尝试置之不理。

什么样的决策会产生一种不同的、改变游戏规则的结果

从很多文献中都可以看到，企业家不仅会变得依恋于自己的愿景，也会执着于自己的愿景，充满乐观地低估其成功之路上遇到的障碍。这导致很多企业家都走向失败。作为一位富有经验的企业家，林显然没有借口。先保持观望，之后再从另一个角度审视一下自己的"愿景"并探索可以替代的路径，这是像林这样的企业家必须采取的重要步骤。认真倾听经验之谈或谨慎的提醒是一种明智的做法。更重要的是，林需要开发一些实现"愿景"的真正替代方案（两到三种不同的路径，并做出相应的经济增长模型）。林本该很清楚地认识到，那些反对意见针对的是愿景"如何"（How）实现，而不是他的愿景"是什么"（What），而且这些意见更多地表现为在一种方式"如何"实现情感上的超然态度。如果使用"如果不……为什么不"（If not why not）的镜头来考察每种替代方案，这种道理就会一目了然。我们还要确保其团队在行动上不能采取"听之任之"的态度，不能认为已经做出了决策，且林对如何实现"愿景"的依恋不可动摇，便觉得说什么都没有意义。

案例二

多年以来，莎拉一直在一家企业集团下属的建筑公司担任领导职务，她为公司的发展和壮大做出了巨大贡献。因此，她颇受同事和董事会成员的尊重。她已经与 Gold Partners 企业并购总监安东尼奥一起成功领导了几起收购，而且这些收购产生了巨大的协同效应。随着时间的推移，莎拉和安东尼奥之间的工作关系已经达到非常信任的程度。在收购过程中，由于在筹备尽职调查阶段和尽职调查期间频繁得到验证，莎拉信任安东尼奥的判断力，他还表现出了敏锐的市场嗅觉，并关注其他投标人的潜质以及与目标实体企业文化相关的市场情报等。她感到他在开展收购操作时表现出极具道德感与诚信，不只是对她，也包括对其他相关人员。很多年过去了，她对安东尼奥所提的建议审查得越来越简单，而安东尼奥本人也变得越来越自信，与此同时，他的交易理念也越来越富有侵略性。

安东尼奥建议的新交易呈现出投资越来越高、风险越来越大的趋势。他说服莎拉，鉴于之前成功的经验，通过双方团队的内部挖潜之后，可以按比例缩减外部支持和建议的费用。虽然董事会风险管理委员会对拟议新交易的可行性和经济性的质疑和怀疑日益增加，但莎拉还是支持安东尼奥和他的收购计划，并未对安东尼奥的设想提出异议，也没有继续测试董事会的风险胃纳[①]。

董事会对提交给他们的越来越具有侵略性的交易感到迷惑不解。逐渐地，董事会不仅开始质疑安东尼奥的判断（他提交的是否是正确的交易），也在质疑莎拉对安东尼奥的判断。个别董事会成员已经开始从其他外部咨询师那里寻找"其他声音"，这些咨询师提醒董事会在审查交易时应该采取审慎的态度。起初，有几位董事会成员以为"其他声音"是因某些咨询师而起，如果

---

① 风险胃纳是指投资人能承受的最大风险值。——译者注

他们还能继续提供交易建议，他们就失去了本可以挣到的交易手续费。不过，事情已经很明显，并非所有"其他声音"都可以这样解释。

在备受瞩目的菲尼克斯收购交易期间，其中一位董事会成员把莎拉叫到一旁，就董事会准备开始讨论的一些重点问题与她交换看法。一开始，莎拉采取守势，指出政治因素在左右外部咨询师的态度。但她很快认识到，事实上，在董事会内部开始出现一种普遍的、但在很大程度上不言而喻是对她的关注。莎拉感到自己没有选择，为了保护自己在董事会中乃至市场中的声誉，她只能重新考虑自己对安东尼奥的信任和信赖程度。

莎拉惧怕安东尼奥参加自己召开的会议。她承认出于几个原因考虑，这将会是一次很难的会议：首先，安东尼奥将会感到震惊，对于他而言，会议的意义不仅仅与菲尼克斯收购案有关，也与 Gold Partners 有关；其次，这次会议对于莎拉而言同样困难，因为她一直对安东尼奥保持着非常信任的关系，而且在她看来，他并没有对不起她——至少现在没有看到。她纠结于自己是否应该告诉他真相，或只是告诉他董事会风险管理委员会已经决定提出新要求，即聘用的咨询师必须多样化。她感到后一个理由也许看上去带有更少的个人色彩，而且也更容易被他接受。

莎拉的决策偏差

莎拉把自己的信任托付给了安东尼奥及其判断力、能力和正气（在之前的交易中已经历过），从而影响了她对每笔交易所处的独特环境的警觉。一个咨询师很有可能被一项交易所吸引或产生依恋，也就有可能把偏差引入交易，而她过于依赖一个咨询师，导致她对交易中存在的偏差缺乏警惕。安东尼奥本人因为对该公司的胃纳越来越有信心，所以也在把公司的风险容限推至极点。

什么样的决策会产生一种不同的、改变游戏规则的结果

不要只聘请一位咨询师，尤其是当你面临复杂的交易时，这样你便可以校准不同来源建议的质量。在与安东尼奥合作开展交易时，莎拉本应担当风险委员会赋予的更积极的支持者的角色。让安东尼奥更加熟悉本公司的风险参数，特别是

让他更清楚公司的风险容限和可以接受的风险胃纳才是明智的做法，此举还可以阻止任何潜在的困惑。在每项交易得出结论之前，开展事前验尸（类似于事后验尸，只是过程相反），这也是一种明智的做法。所谓"事前验尸"是一种预见交易实施一到两年之后实际发生情况的方法，把所有出错或没有按照计划实施的事都找出来，之后系统化地评估每个问题本该如何纠正。

此外，一旦交易已经得出结论，莎拉应该安排其他专家开始审查，这样一个正式的独立观点应该已经成为综合成果的一部分，并在下一次交易中发挥作用。这样的工作方式也会让安东尼奥对自己的依恋保持警醒。

▶认知偏差的危险信号

当你看到以下信号时，你将了解到什么时候依恋会在带有偏差的决策中产生影响。

① 不愿使用或探索使用替代策略，即使面对竞争格局已经发生变化的情况下。

② 仅支持一种执行特定策略的方式。

③ 不愿对执行力差的团队或个人采取行动。

④ 不愿说"不"，唯恐触怒他人。

⑤ 对个人表现出任人唯亲和裙带关系。

⑥ 部落行为或小团体行为；无条件忠诚于某人或某团体。

⑦ 通过与决策人直接或间接的工作关系，安排亲属进入公司。

⑧ 与决策人存在非正式、非工作的过分友好关系，会让人对决策人持有的客观性产生怀疑。

⑨ 因物以类聚、人以群分的倾向，致使团队内部缺乏多样性（不仅是指性别）。

⑩ 寻求认可的行为。

⑪ 被视为无偏差的专家意见；过分倚重单一来源的专家建议。

⑫ 在面对某种做法是否合乎逻辑时，不愿挑战商业模式或战略。

⑬ 不愿审查产品或服务的相关性，尽管市场或客户数据暗示着需要审查或反思。

▶重塑决策思维

为了消除我们的依恋对决策的潜在影响，我们建议采用以下成功策略。

反思心态

- 认识到自己通常什么时候会赞同一个个体。
- 养成寻找第二意见的习惯。
- 认识到什么时候在自己的观点中存在群体或小团体因素。
- 挑战不假思索的行为惯例，摒弃"我一直就是这样做的"的观点。
- 继续挑战曾经为你效劳或正在为你效劳的现有范式，因为它们也许很快就变得与你毫不相干。
- 对你过分依赖单一外部来源的建议继续保持警醒或警惕，确保获得能够帮你校正来源的建议。
- 思考这个策略可能出错的所有理由。
- 警惕特定决策中的个人利益，并调整它的影响。

反思参与者

- 认识到你也许形成了一个"核心决策小组"，它可能妨碍你听到他人很重要的声音。
- 针对"专家"的建议，培养正确的怀疑主义，承认专家自己也可能存在依恋。
- 当你发现有派系在发展，采取措施把它们消灭在萌芽状态，鼓励伙伴关系出现在通常不会出现的地方。

反思过程

- 允许或鼓励团队会议上出现异议，并允许少数派观点出现，从而可以更加全面地一探究竟。
- 为了挑战流行观点或被提议的策略，指派某人充当"魔鬼代言人"。
- 寻找机会打破自然联合体，指派专人依照其他依据而非传统的归属感行事。

THE SECRET LIFE
OF DECISIONS

How Unconscious Bias
Subverts Your Judgement

09

价值观可能会误导我们

从 1999 年起，塔博·姆贝基（Thabo Mbeki）担任了 10 年的后种族隔离时代的南非总统。他在任期间，有关艾滋病

不可治疗的信念成为其永远留在历史史册上可耻的污点。这一有缺陷的信念否认了他的人民需要治疗艾滋病，最终造成无数人死亡，并继续影响了几代年轻人，让他们遭受了失去至爱亲人的切肤之痛。据一份由哈佛大学公共卫生学院研究人员撰写的报告称，在 2000 年至 2005 年间，"由于没有及时接受使用抗逆转录病毒（ARV）药物预防并治疗 HIV（人类免疫缺陷病毒）和艾滋病"，南非有超过 33 万人死于艾滋病，预计有 35 000 名婴儿是 HIV 携带者。

1995 年，时任南非副总统的姆贝基在讨论有关 HIV 和艾滋病问题的国际会议上承认了这种传染病横扫南非的严重性。当时，已经有 85 万人的 HIV 检查结果呈阳性。2000 年，南非卫生部发布了应对艾滋病、HIV 和性传播疾病的五年计划，

并成立了艾滋病委员会来监督计划的实施。南非在应对这次国家挑战的过程中迈出了建设性的一步。

然而，姆贝基在就任总统之后改变了政策导向，并和一小群持不同意见的科学家结成同盟，后者声称艾滋病不是由 HIV 引起的。否认派学者经常发表文章批驳 HIV 和艾滋病之间的联系，并推广其他治疗药物，还试图让 HIV 感染者避免接受抗逆转录病毒药物疗法，而采用维生素、按摩、瑜伽和其他未经证实的治疗手段。

2000 年，当国际艾滋病大会在德班举办时，姆贝基把总统咨询小组召集起来，其中就有若干著名的艾滋病否认派学者。咨询小组会议并不对新闻界公开。在这些会议上，医生们听到姆贝基的支持者呼吁从法律角度禁止 HIV 检测，并按照完全脱离非洲医疗现状的方法对艾滋病进行治疗。在同一次会议上，姆贝基总统的发言招致了强烈批评，他避而不谈 HIV；相反，他强调贫困才是诊断艾滋病强有力的协同因素，这导致几百名代表在他发言时起身离场。姆贝基还给很多世界组织的领导人发出一封信，把艾滋病主流研究组织比作种族隔离制度的帮凶。这封信的语气和内容让身在美国的南非外交官最初质疑这是否是一次恶作剧。艾滋病科学家和活动人士对姆贝基总统的态度感到失望，并以《德班宣言》（*Durban Declaration*）的形式对其做出回应，该文件证实了是 HIV 导致了艾滋病，全世界有 5000 多位科学家和医生签名表示支持。

他领导下的政府因未对艾滋病的流行做出充分响应而备受指责，包括未能批准并实施一项全国性的治疗计划，未能向南非所有公立医院提供廉价的抗逆转录病毒药物，政府的这种做法与数千人的死亡有直接关系。特别是，他的禁令还扩大到一项预防 HIV 从怀孕的母亲传递给胎儿的抗逆转录病毒计划。

直到 2003 年 11 月，内阁推翻了总统的禁令，政府最终批准了一项向公众推广抗逆转录病毒治疗的计划。

南非前卫生部长曼托·查巴拉拉–姆西曼（Manto Tshabalala-Msimang）也招致了强烈的批评，因为她经常一方面向患有艾滋病的人推销大蒜、柠檬、甜菜根和橄榄油之类的营养补剂，一方面强调抗逆转录病毒药物可能存在的毒性（她直接将其说成是"毒药"）。南非医学协会指责查巴拉-姆西曼"令脆弱的公众感到困惑"。2006 年 9 月，80 多位科学家和学者呼吁"立刻解除查巴拉-姆西曼博士的卫生部长职务，并终结灾难性的、推崇伪科学的政策（这代表了南非政府对 HIV 和艾滋病的反应）"。2006 年 12 月，卫生部副部长诺奇兹维·马德拉拉-劳特利奇（Nozizwe Madlala-Routledge）谈到"最高领导层否认了"艾滋病的存在。随后，她就被姆贝基解除了职务。

2008 年，姆贝基被迫下台。新总统任命芭芭拉·霍根（Barbara Hogan）为卫生部长，后者立刻对姆贝基政府信奉艾滋病否定主义表示羞耻，并郑重宣告新进程的到来："否定主义的时代在南非彻底结束了。"

这个故事生动反映了我们的信念如何受到与自己分享观点并结盟的人的吸引；如何拒绝公开自己的观点并供其他人详细审查；如何把和自己持不同观点的人从团队中剔除；以及如何攻击那些我们摆脱不掉的人。我们还吸引和自己持类似信念的人，他们反过来强化并加深我们的信念。之后，由于我们坚持自己的信念可能导致可怕的后果，我们丧失了采纳受到关注的、富有同情心的平衡观点的能力。

与价值观有关的偏差

在一个公司里，主导理念经常会变为道德指南针。不过，如果我们不了解这点，即使是最成功的公司也可能被俘获或被劫持到死胡同中。这是因为对于自己的思想来说，我们浸淫其中的文化无所不在。随着时间的推移，成功的公司发展出支持企业运转的、与众不同的企业思想、信条或信念，它们经常被雇员用于指导自己的工作。主导逻辑由此诞生，而且几乎没有人去挑战它。

同样的分析也适用于成功的领导者。经过一段时间，他的主导逻辑——一种带有偏差的镜头，人们透过它感知、观察并解释世界——可能会变成一种无人挑战的刻板赘述。他们也因此变得不能适应和改变。根据 TalentInvest 的相关研究，主导逻辑甚至可能导致最成功的高管"脱轨"。详情请参考该机构的著作《成功的领导者不"脱轨"的秘密》（*Derailed! How Successful Leaders Stay on Track*）。

无论在集体层面还是在个体层面，都很容易形成此类偏差（这类偏差经常会在一个通常无意识的潜在层面上进行），而只有当价值观出现破坏或崩溃时，人们才会产生质疑。这种质疑经常来得太迟，以至于人们无法从整体上避免客户、市场、行业和社会的损失。公司的归属感经常成为支持主导逻辑的托辞。

很多公司试图在自己雇员的思想中灌输归属感，"我们做事都围绕着它展开"。IBM 公司在这方面达到了登峰造极的水平。作为某种崇高的信仰，IBM 的创始人托马斯·沃森（Thomas Watson）坚持认为，如果一家公司有一套建立在自己是什么而不是做什么的基础之上的价值观，那么这套价值观便能让公司顺应时代潮流的变化。从表面上看，这样做很有意义。但事实上，在其再次找到回归之路前，这种信念已经剥夺了 IBM 公司几十年的市场主导地位。

早在 1914 年，在 CEO 小托马斯·沃森任职 IBM 前身公司期间，其雇员必须学唱公司司歌、接受漫长的培训并参加公司的家庭日活动。他们为痴迷于满足客户需求而感到自豪。为了与客户打成一片，他们穿着朴素的白衬衫和蓝色工装。IBM 公司是一家公司但又高于一家公司，它代表了一种使命。沃森在 1939 年的纽约世界博览会上说："你知道，我们并不把 IBM 公司视为一家企业、一家公司，而是一家有很多工作要做的世界级大机构。"在 20 世纪的大部分时间里，一套黑色（或灰色）的西装、白衬衣和一条得体的领带是 IBM 公司雇员的统一着装。所有新成员都来自少数几所顶尖大学。

配合这种强大、统一的企业文化，IBM 公司的计算机技术将 IBM 变成了一家实力雄厚的大公司。后来在小托马斯·沃森从父亲手中接过企业领导权 40 年之后，该公司充满了有如宗教热情般的运转。IBM 公司投入了大量资金开展研发工作，几十年来，令人眼花缭乱的新产品源源不断地从它的九间实验室里被创造出来，它所持有的专利也居于美国所有公司之首。IBM 公司著名的发明包括自动取款机、软磁盘、硬盘驱动器、磁条卡、DRAM 芯片和像 Fortran 语言之类的计算机语言。

然而，尽管公司经营很成功，并且雇员管理良好，但却早已埋下麻烦的种子。它的价值观和企业文化成为其压在肩头的巨石，使其无法迅速看到或响应在市场中发生的深刻变化，或挑战自己一直以来的行为方式。它还沉醉于从大型计算机上获得的巨额收益，却未能预料到个人计算机革命。受 IBM 公司委托共同撰写《让世界更美好》（*Making the World Work Better*）一书的凯文·梅尼（Kevin Maney）说，当 IBM 的人依然在炫耀自己的西服和白衬衫（他们认为那是作为 IBM 人的一个组成部分）时，像微软和苹果这样的挑战者已经在奋起直追。来自硅谷公司的型男们穿的是勃肯鞋、牛仔裤和 T 恤衫。

到 20 世纪 90 年代初，IBM 公司每年都会亏损数十亿美元，被迫首次裁员数千人。IBM 公司的行为方式决定了它如何竞争、如何构建自身、如何判断自己的表现，当然还有如何思考自己及其所从事的事业。这些变成了 IBM 公司的主导逻辑，被公司的所有员工理解，并被描述为"公司的行为方式"。但随着时间的推移，这种主导逻辑变成了无人挑战的正统思想，直到 1993 年，路易斯·郭士纳（Louis V. Gerstner Jnr）上任并改造公司，主持了美国公司史上最激进的改革计划。

郭士纳的功绩在于，通过让 IBM 公司重新关注 IT 服务业，而将其从破产歇业的状态挽救回来。他大刀阔斧地对这家故步自封的公司实施改革（如果他是局内人则不可能做到），振兴已经濒死的企业文化，将其变成了基础深厚的 IT 产业集成商。郭士纳的《谁说大象不会跳舞》（*Who Says Elephants Can't Dance?*）一书让我们了解其与墨守成规的 IBM 中坚分子进行的令人极度痛苦的商议过程——要出售什么、要保留什么，还有要囤积什么。像郭士纳这样的局外人，他没有"历史包袱"，对任何战略都没有依恋感，并勇于挑战支撑 IBM 公司的某些基本价值观：从 IBM 制服到大型计算机业务已死，以及发展个人计算机业务才有未来的观点。他通过挑战 IBM 公司的主导逻辑和反击带有偏差的判断，而重新定义了 IBM 公司的使命。

信念也可能会辜负我们。但为了搞清它们是如何辜负我们的，我们必须知道它们如何起作用。我们先从信念的定义开始介绍吧。

我们把某种东西称为一种信念——确信某事对我们很重要——比如宗教、道德、政策或相信其他美好的事物。这些都是明确的信念，我们知道自己会坚持它们。当遇到质疑时，如果需要我们为其辩护，我们经常会清楚地做出解释。这就是说，我们经历的感觉与一种信念有关，但也有我们没有经历过的信念——它们是我们有关这个世界的心智模型。

我们的心智模型

简单地说，我们的汽车把我们从 A 地带到 B 地，或当我们轻触开关时灯会点亮。在这个过程中，心智模型——我们的生理、社交和情感世界的心智表征——与我们如影随形。在我们看来，它是理所当然的世界模型，而且帮助我们做出预测，并根据那些预测的强度来假设结果。

不过，信念（心智模型）可能会为我们带来第 2 章介绍过的从格林斯潘案例中看到的结果。事实上，我们的信念是无法摆脱自己的身份。这就是为什么当咨询师和心理学家接待一位持有自我限制信念的患者时，他们会为了让患者抛弃可能毁掉自己生活的限制性信念，而努力强化自身的信念水平（自我意识）。这也是当我们的信念被证明有错时，我们的自我感知很受伤的原因。因此，无论我们是有意还是无意地坚持自己的信念，它们都会影响我们的行为。

当某件事的结果与我们想象不一致时，我们会意识到信念的问题。想象一下，你要在一间咖啡馆里见一个人（在一段时间里，你们只是通过邮件联系）。在这段邮件关系持续期间，你在脑海中已经勾勒出这个人的形象。你们终于在咖啡馆中见了面，但他的相貌特征与你想象的截然不同。究其原因，你把这个人在你脑海中的所有形象合并成了一个个体，但却没有注意到这个人是你"创造出来的"，而结果很显然完全错了。这是一种不断添加的复杂推测，而你永远也不能搞懂它。

我们的心智模型是自己信念体系的重要组成部分，它让我们看不到其他可能性。

我们如何得到其他人的心智模型

我们倾向于认为他人的信念或心智模型是自私自利的，而我们自己的却不是这样。我们看到了自己的客观性，但却不是他人的客观性；我们看到了自己的合理性，但却不是他人的合理性；而且我们看到了自己信念中的真实性，但却不是他人信念中的真实性。我们还是深入探讨一下吧。

我们常常得出结论称那些和我们观察世界的方式不一样的人没有掌握正确的信息，而且我们无法纠正他们。然而，当我们拒绝他们的信念时，我们从自己的角度认为这是一个良好的判断。我们经常听到自己（也包括其他人）这样说，那些不相信我们所作所为的人"没有生活在现实世界里"。我们的真实想法是他们没有生活在我们的世界模型里——他们的愿景和我们的愿景不同。但我们这样做是在否认他们和我们有同样的智慧或道德判断。事实上，我们是在否认他们的生活经验（信念的源头）具有的重要性甚至价值。我们的行为并不只是表现出对他人的不屑一顾，我们也在用心智模型影响自己对他人采取的行动。

举个例子。在实际工作中，一位负责管理团队成员表现的高管可能会采用两种不同的心智模型：一种模型是以尊重人们做什么为基础（我们称之为"有条件的尊重"）；另一种模型是以尊重做事的人是谁为基础（我们称之为"无条件的尊重"）。一位依照第一种心智模型行事的高管会重视团队成员所履行的事，"我尊重你，是因为你为我做事"，换言之，你就是车轮上的一个齿轮或一台利益驱动器诸如此类的东西。这将会影响到他与团队成员交流的方式。也就是说，他采取的绩效管理方式与选择第二种模型的高管有所不同。有人根据第二模型行事，即"我尊重你，是因为你这个人"，他持有更富有同情心的观点，认为"我们都是一个战壕里的战友"，工作中注重合作与包容。通过上述例子，我们可以清楚地看到，我们的行为如何深受自己心智模型的影响、如何让我们的方式出现偏差以及如何与工作场所的其他人互动。

我们一方的真相

我们经常基于三点原因来貌似合理地解释信念与心智模型之间的差异：

- 其他人的无知；
- 其他人的愚蠢；

● 其他人的不道德。

艾伦·格林斯潘（我们在第 2 章中做过详细讨论）并不认为自己的观点可能是危险的，而认为怀疑资本主义自由市场模式的人是危险的，并让他们噤声。我们的信念可以作为强大的现实过滤器，并为我们提供自己一方的真相，而对他人的真相不予理会，甚至在面对反例时反而可以进一步确立自己的信念。

匹配一个人的信念的证据很快就被人接受为合理的证据，而反证则是令人不可置信的，并被提交接受详细质询。科迪莉亚·法恩（Cordelia Fine）在其所著的《大脑里的八个骗子》（A Mind of Its Own）一书中描述了这一现象。她在对信念做深入研究的基础上总结道："结果就是在看到反证之后，人们甚至更坚定地坚持自己的信念。我们认为，'如果这是另一方能提出的最好的证据，那事实上，我肯定是对的'。"她断言，这种被称为"信念极化"的现象可能有助于我们解释，为什么试图让持有错误想法的人醒悟经常是徒劳无功的。实际情况是，如果研究结果恰巧匹配或证实了我们的信念，我们会发现研究令人信服并且合理；如果研究结果未能证明我们的信念，我们会发现研究结果粗劣并且有瑕疵。这点不仅对于日常生活信念来说是正确的，而且对当今商业上的思考方式和决策方式也具有重大意义。

自我实现与自我延续

我们在此必须指出的是，这种价值观上的偏差有另外一个潜在的影响，它多见于今天的商业领域中，而且超出我们的想象。其中最令人担忧的可能是自我实现的预言，因为它经常在非常隐蔽地起作用。一个现在已经非常有名的实验中，研究人员罗伯特·罗森塔尔（Robert Rosenthal）和莉诺·雅各布森（Lenore Jacobson）主持了一个伪实验，他们宣称为一群孩子测验智力潜能。然后，根据测验结果，他们告诉老师们这些孩子将会在接下来的几个月内表现出智力上的大飞跃。事实上，这些孩子是从一份班级名单中随机挑选的。然而，老师们对这些孩子的智力比其他孩子更高的预期，导致这些孩子的智力在随后的几个月里出现了真实的和可以衡量的提高。这些学生肩负了人们极大的预期，所以老师们投入了更大的心血，并更加热情地教导他们，从而成为智力快速提高的现实证据。一位老师特定的偏差与成见不只对自我实现产生重大影响，也对自我延续产生影响。

这种自我实现与自我延续现象不仅体现在课堂上的老师们身上，也体现在当今的企业领导者身上。那些有幸进入公司人才培养计划的人，即使他们是通过粗糙的评估方法被选中的，也会得到"特别辅导"和"点拨"乃至实践的机会，从而能更快地开发并释放自己的潜能。当他们在公司内和高管们的心目中充分树立起自己具有才华的形象时，这些"幸运儿"便进入了自我延续周期，他们也会获得越来越多的发展机会。TalentInvest一直在与有需求的公司合作强化自己的人才选拔过程，这体现了我们所关注的：如果甄别水平不高，我们有关一个人是否有才华的信念可能会造就一代容易脱轨的青年领导者，也会导致另外一些人的发展出现停滞状态。这不是因为他们没有才华，而是因为他们在理应获得的早期发展阶段便被拒之门外。

因此，正如其他人在不了解我们的情况下，他们的信念可以影响并控制我们的判断和行动一样，我们的信念不仅会影响自己决策的质量，也可能影响到其他人的结果。罗森塔尔的这个实验就证明了这点。

价值观对决策的影响

我们将介绍两个真实案例，旨在证明价值观对决策过程的影响。基于显而易见的原因，为了保护隐私权，我们在尽量准确再现这些场景的同时，也对细节做了些许改动。

案例一

在整合兼并伙伴根深蒂固的文化规范、信念和价值观的过程中，公司常常因重视程度不足导致很多兼并失败。贝恩咨询公司（Bain）在2004年做的一份研究报告显示，70% 的兼并案例都未能创造价值。1998 年，发生了一起非常引人注目又证据充分的兼并案例，兼并双方是德国汽车制造商戴姆勒奔驰股份公司（Daimler Benz AG）与美国第三大汽车制造商克莱斯勒（Chrysler Corporation）公司，合并之后的新公司成为全球第五大汽车制造商。不过在九年后，因股东承担的成本巨大，新公司被迫解体。

这是两种非常强大但又不同的企业文化，其特色还在于两种汽车制造风格、两种企业模式和两种颇为自傲但各具特色的国家文化以及隐含在价值体系中的种种不同。戴姆勒奔驰的 CEO 尤尔根·施伦普（Guergen Schrempp）和克莱斯勒公司的 CEO 罗伯特·伊顿（Robert Eaton）看到了巨大的协同作用，他们结合戴姆勒奔驰的工程技巧、进步的技术并借助克莱斯勒在创新、产品开发速度和大胆的市场营销等方面的优势来提升质量。这次合并被誉为"天作之合"。

不过到了最后，这两种文化冲突不仅仅表现在产品、品牌和价值观上，它也导致了雇员之间的冲突。冲突的一端是蕴涵在工程、挑剔的质量和体贴的售后服务中的严谨的德国作风，另一端是坚定自信、敢冒风险的西部牛仔气质。双方的反感和不信任都是显而易见的，一些戴姆勒奔驰方面的高管曾公开说自己绝不会开一辆克莱斯勒出门，这句玩笑仅仅是侵蚀协同价值兑现的几个文化冲突点之一。

施伦普要求全面分析并评估潜在的兼并对象（国内外），但他在很早以前便将克莱斯勒作为自己的选择目标。事实上，当咨询师告诉他，他的战略不太可能创造出股东价值时，他摒弃了相关数据并继续实施自己的计划。施伦普可能征求过来自各方的意见，但他显然未能给予那些意见足够的重视。他的决心已下，而且虽然也做出了听取并接受他人意见的姿态，但他未能对那些观点做全面的考虑。特别是他未能认识到两个大相径庭的价值体系整合所带来的挑战。

三年后，戴姆勒克莱斯勒的市值是 440 亿美元，与合并前戴姆勒奔驰的市值相当。它的股票从标普 500 指数中被剔除，而克莱斯勒集团的股价较合并前下跌了 33%。

施伦普的决策偏差

在稳定的状态下，基本信念与价值观通常不会出现任何问题。但当它们受到压力时，正如把两种迥然不同的企业文化合并在一起的这个案例，信念与价值观对决策施加的深远影响便表露无遗。除非我们深入反省自己表现出来的主导逻辑、信念和价值观，否则我们的决策可能会遭遇到意想不到的结果，在某些情形下甚至是灾难性的后果。

什么样的决策会产生一种不同的、颠覆性的结果

合并前的文化分析有可能会避免悲剧的发生吗？要回答这个问题有些困难。整合团队和高级领导者本可以提供若干深层次的文化流利性训练（文化流利性与侧重意识的文化敏感性有所不同，从另一个角度讲，它更注重将意识转化为能力）。各自团队本应对风格和方式等方面所必需的细微差异有所准备。此外，在领导整合工作时，CEO 本应适当克制交易带来的欢乐与乐观气氛，因为伴随交易而来的还有很多风险，它们会把相关各方所持有的非常不同的核心价值观、能力、商业模式、操作范式和文化聚合在一起。更加系统化的风险评估本应提出一种完全不同的整体策略——以及本应获得的经过重新校正的协同效应。只有真正意识到两家公司商业价值的差异性和互补性，我们才可以产生真正的协作。为了强化合并后新实体的利益，整合平台和合作项目本应引导实现两种文化和操作原则的最佳配合。除了如何更好地计划并实施整合之类的基础问题外，我们面临的较大问题和选择本该是分别管理各实体一段时间，以便确定如何最佳地权衡核心能力，这样才能为确定最佳整合方案提供必要的"预备时间"。

案例二

简跳槽来到了 **Arco Ltd**，她之前在一家著名的会计师事务所工作，并在财务风险和合规性审计方面拥有很强的实力。她的才华迅速得到认可。18 个月后，她调入公司的财务战略部门，并负责一个提升本公司盈利能力的重大在建项目。她注意到，该项目得到了高级管理层以及董事会的大力支持。她还注意到，在公司所追求的可持续增长战略中存在一些固有的矛盾。

在过去的一年里，简体会到了不安的、无情的和短视的企业文化。她发现在 Arco Ltd 内几乎没人有时间思考长期的可持续发展问题，公司关注的都是眼前的成功。"不要为明天的事烦恼"似乎是公司的做事风格。看重股东的短期需要（努力提升公司的股价），并无视其他利益相关者也是一个令人担忧的倾向。Arco Ltd 也有一个人才加速培养计划，而结果是这些人才确实"提高"很快，但只是体现在他们的收入水平上而非其展现的价值上。另外，那些被认定为顶尖人才的个人，在他们还未做好准备或适当稳固自己的表现之前，便因表现兑现（而非对其才华的认可）而得到提拔。

她还听到一些小道信息，据说一两位投资者已经开始密切关注 Arco Ltd 的利润报告，包括为了提高收益，在过去三年里一直实施的高杠杆红利分配计划（与股价相关）。虽然她意识到这些投资者都是有名的"活跃分子"，但她感到作为公司的一名官员，她有义务提出这一信息，尽管她是通过非正式渠道获得的。

她在一次战略简单汇报上找机会将自己的想法汇报给了执行委员会。她已经建立起了可信度（她毕竟属于通过公司快速通道计划得到提拔的人才），所以发现会后人们对她的担忧表现出极大的热情。COO 和其中一个最大部门的领导专门找她"聊了聊"这次战略简单汇报的情况。他们告诉她，外部审计师（不过不是曾经与她共事的审计师）很热心，翻遍了所有的会计账目，她的担忧并没有事实根据，这可能是恶作剧，也可能是某位想在董事会谋得席位的投资者散布的。他们还指出，尽管 Arco Ltd 的企业发展较为成功，但其盈利能力还比不过竞争对手，与其关心那些股东中的活跃分子在想什么，倒不如把对盈利能力的关心放在首位。

这次谈话的两年后也是她担任现职两年后，开始响起了警报。在她看来，某些夸大的盈利数字令人感到非常不安。她给老板发了一条短信，而老板回复她纯粹是杞人忧天，并补充说，如果她还有疑虑，他很愿意亲自把这个情况通报给审计师。简表示，她很愿意再参加一次这样的会议。然而，尽管她向老板追问过几次，这样的会议最终一次也没有开成。于是，简决定给 CEO 发一封邮件，在信中说明了自己的担心，并认为在半年报之前的这段时间是"突击核查"利润数据的最佳时间。

CEO 把她叫到办公室，一开始，这次谈话给人的感觉很融洽。然而，当他告诉她，他们两人的奖金都依赖于利润数字高于行业平均水平时，她明显感到他在试图"威胁"她。他继续说，虽然她在人才培养计划之列并且享受了公司方面的大量投资（她前年被送去参加一项为期三个月的哈佛大学训练计划），但她能否"留在人才计划中"还是取决于个人发展，只有个人发展良好的员工才能继续得到公司的投入。毫无疑问，离开办公室时，她感到非常不舒服。简认真思考了自己的状况，她作为一个单身母亲，要承担女儿私人学校昂贵的学费和其他相关费用。她为自己寻找借口，那些活跃分子非常聪明，他们知道自己在寻找什么，至于公司的状况，"上天自有安排"，用不着她的帮助或干预。

六个月后，到了公布全年业绩的时候，不为公司高管层或简（她的信息资源似乎已经枯竭了）所知的是，一些投资者要求并得到了在董事会、审计委员会和风险管理委员会任职的机会。分析师和评论员似乎开始意识到，公司的营业利润报告存在"某些问题"。公司股价出现暴跌，管理层随之发生变化。简离开了这家公司，但心里却感到释然。

简的决策偏差

简受到了在 Arco Ltd 兴风作浪的"意义系统"（我们将在第 10 章中做详细介绍）的洗礼。公司的主导逻辑是"利润至上"，也就是说，在任何情况下，利润最大化是最重要的。对这一逻辑的任何质疑，比如人们对基于寻找可持续发展水平的替代逻辑的质疑都会靠边站，或为这种质疑寻找貌似合理的解释，或这种质疑被视为不忠。加在简身上使之"就范"的种种压力既有微妙的，也有明显的。在故事的结尾有一个令人满意的结局，虽然这种变化并不来自公司内部。来自两位投资者鼓吹的做出必要改变的压力促成了公司的嬗变，让一条可以轻松毁灭这家公司的主导逻辑走向了终结。在个人层面上，简面临着一次价值观上的两难选择，也就是要求她在保住工作和职业操守之间做出选择，而她的决定与自己良好的判断背道而驰。

什么样的决策会产生一种不同的、颠覆性的结果

公司的董事会和管理层都应该平衡短期成功和长期成功之间的关系，并确定可靠的成功之道分别是什么（它们必然是不同的）。定期举办的领导力论坛能够鼓励高管们就企业或公司战略的稳健性、不同未来的情境规划或挑战"世界观"等开展自由对话，而这一论坛本应让领导层认识到，打造一家成功的公司并非只有一条路可以走。反过来说，董事会对确保企业实现可持续发展负有责任，它本来可以更深入地审视发展的源动力，并就发展的可持续性对 CEO 提出更多的要求。此外，CEO 不应该营造因持不同意见即被视为不忠的公司环境，而应该培养将不同意见当作关键的风险监视器的企业文化。将奖金与股价联系起来会导致出现一种特殊的偏差，它会进一步诱发出现短期思维、糟糕的行为和不健康的权衡交易。

▶ 认知偏差的危险信号

当你看到以下信号时，你将了解到什么时候基本信念和价值观会在带有偏差的决策中产生影响。

① "我们一直就是这么做的"之类的话。

② 未能挑战一个人自己的或他人的心智模型。

③ 假设你自己掌握真相（在特定情形下）。

④ 未能质疑既有价值观，无条件接受公司当前的价值观。

⑤ 未能认识到或低估与合并双方有关的文化复杂性。

⑥ 在支持所做决策的价值观或信念上缺乏一致性。

⑦ 强烈反对他人的基本信念。

⑧ 盲目迷信一种理论或方式，而且无意质疑它。

⑨ 为了与公司的主导逻辑保持一致而施加到人身上的微妙压力。

⑩ 驱动做出短期行为和不可持续增长的红利计划。

▶ 重塑决策思维

根深蒂固的信念会让你误入歧途，为了消除由此而给决策带来的影响，我们建议采用以下成功策略。

反思心态

- 挑战你的心智模型。
- 承认你在任何特定情形下都不可能独揽真相——我们都掌握了部分真相。
- 挑战你的自我实现和自我延续的判断。
- 鼓励开展针对主导市场逻辑的内部挑战或讨论（主导逻辑经常是隐形的，需要让其浮现，并展开辩论）。
- 检查你的核心信念，并验证它们对你的支持是否成功。ChiefExecutive.net 网站的定期撰稿人杰弗里·詹姆斯（Geoffrey James）针对成功的 CEO 在这一过程中提供的帮助而做过深入研究，并总结出一份清单：
  - 管理是一种服务，而非控制；
  - 我的雇员是我的同事，而不是我的孩子；
  - 动力来自愿景，而非恐惧；
  - 企业是一个生态系统，而非一个战场；
  - 一家公司是一个社区，而非一台机器；
  - 改变等于发展，而非痛苦；
  - 技术提供的是赋权，而非自动化；
  - 工作应当充满了乐趣，而不仅仅是辛苦。

反思参与者

- 确保外部咨询师的独立性（本书中的独立性是指咨询师并不拥有既得利益，或以任何形式从所做决策中得益）。
- 引入独立专家挑战主导逻辑。

反思过程

- 对需要展开大辩论的战略选择（已做出）组织年度战略评估（视情况而定）。
- 反省就"我们如何做生意"所做的假设和断言，以便让主导信念体系浮现、接受讨论并在做决策时加以考虑。
- 向你自己和团队提出关键问题，以便深入开展有关价值观的对话（尤其是当价值观承受压力时）：
  - 是什么价值观在指导我们的思考？
  - 我们／你们不愿放弃的价值观是什么？
  - 你和冲突群体共享的价值观是什么？
  - 我们彼此都持有的假设是什么，以及我们如何验证那些假设？
- 为了坦率地讨论相互竞争的价值观，借助假设的但符合现实的两难困局，定期举行价值观对话，然后以这些价值观为基础达成共识，并驾驭时不时可能出现的这种困局。

THE SECRET LIFE
OF DECISIONS
How Unconscious Bias
Subverts Your Judgement

10

权力可能会让我们堕落

尽管监管部门试图消灭卡特尔，但不幸的是，它们比我们所愿意承认的更加普遍地存在。卡特尔即垄断联盟，从

> 挑战偏差：我们的控制力或影响力越强大，越会做出较好的决策。

本质上讲，一个卡特尔就像一个实施寡头垄断行为的垄断者，它强大到了为了实现利润最大化，可以以最终用户的利益为代价制定价格。实际上，上述限定价格的行为试图不公平地巩固某一实体的市场支配力，以便将其他实体挤出市场。把其他实体挤出市场之后，它们便能有效地保持市场高价，并增加自己的利润。它通常违背自由市场原则，而自由市场会让新进入者生存下来并取得成功。这种权力的滥用不仅仅存在于行业层面，也存在于公司、团队和个体层面。一个个体可以通过巩固自己权力基础的方式，而在一个组织内部营造出不均衡的竞争环境和不公平的个体优势。对更多权力的追求像镜头或过滤器一样发挥作用，人们以此来观察世界和自己在世界上的位置。作为结果的决策带有偏差，而原因来自一个人巩固并增加权力的需要，这种需要经常妨碍决策的质量，其结果会在未来的某个

时间显现出来，正如在前面垄断联盟的例子中所描述的那样。

戴比尔斯（De Beers）是一家著名的全球矿业公司，它的垄断经营贯穿了整个 20 世纪，并利用其主导地位操纵国际钻石市场。该公司利用几条途径实现了对国际市场的控制：首先，它说服独立生产者加入自己的单一渠道垄断体系；其次，对于那些拒绝加入其垄断联盟的生产者，它使用相似的钻石产品来冲击市场；最后，它收购并囤积了其他生产者生产的钻石，以便通过供应来控制市场价格。2000 年，俄罗斯、加拿大和澳大利亚等国的生产者决定在戴比尔斯渠道之外销售钻石。受此决策的影响，戴比尔斯改变了经营模式，垄断和权力终于使其走向了末路——究其原因，这个垄断联盟的权力偏差使其失去了理智。

福玻斯垄断联盟（The Phoebus cartel）主要由欧司朗（Osram）、飞利浦（Philips）和通用电气等公司组成，它的兴盛时期可以追溯到 1924 年至 1939 年，它控制了电灯泡的生产和销售。这家垄断联盟减少了电灯泡行业近 20 年的竞争，导致寿命更长的电灯泡未能早日面世，所以它一直因妨碍技术进步而备受指责。这个案例是导致垄断联盟成员坐拥机遇但却失去判断力的另一个有趣的体现。

在福玻斯的案例中，决策被拿来利用市场权力阻止本应发生改变的行业技术进步，并使参与者更加成功。通过这种权力偏差来观察事物，并做出与保护和利用现有产品和市场的有关决策，他们错过了开发新产品和新市场的机会。

我们可以看一个较新的有关卡特尔的例子——联合利华（Unilever）和宝洁（Procter & Gamble）被查出在八个欧盟国家中非法对洗衣粉实施价格垄断。这一案件被德国汉高公司（Henkel）"举报"后，引起了欧盟委员会的注意，并对涉案公司做出了重罚。

在提交申诉材料的过程中，多数涉嫌卡特尔行为的公司都声称，它们在某些案件中是无辜的，而在其他案件中，某种外部关联问题导致了类似卡特尔行为的出现。不管出于什么原因，卡特尔只服务于自己的成员，并剥夺了联盟外的市场参与者所享有的有限权力。不过，抛开信誉受损和财务成本不算，联盟成员的发展前景也会受到损害。更重要的是，就像前面的例子中所介绍的那样，任何受到权力驱使的群体或个人都将通过偏差看世界，他们也就无法参透未来。

与权力有关的偏差

权力本身没有错，但当人们决策时做出了不平衡的举动之后，决策人便会对自己以及受决策影响的其他各方失去判断力。决策并非深思熟虑的结果，所以这种不平衡不仅普遍存在，而且还经常在无意间创造出来。你的影响力和权力可能会对自己正在做的决策产生非常不利的现实后果。虽然多数决策人在特定情形下会寻求增加自己的影响力，但他们未必认为自己"非赢即输"的决策对其他受此影响的各方来说是不公正或不公平的。他们有时也会对自己的决策给他人带来的任何不利或伤害给出貌似合理的解释。在本章中，我们将对这种无知展开讨论。

从本质上讲，我们泛指的权力与组织中经常由身份、结构或等级制度所限定的权力相关。人们普遍认为，在等级制度中，随着一个人的等级上升，他会累积越来越多的权力和影响力，并可能出于建设性或破坏性的目的，凭借手中的权力做出相应的决策。这种在目前多数组织决策中近乎绝迹的"非赢即输"的思维，经常会让一个思路的是非曲直变得模糊不清。例如，作为团队中的一员，你可能有一个想法，但这个想法在被接受之前依然要经过工作团队的评估。在通常情况下，这就是权力在起作用。如果你的工作团队中的其他人或直接领导视你的想法如鸡肋，那么你的想法就可能永远见不到光明。正如你从这个例子中所看到的，在一个组织中，人们很难注意到权力的运用。现实情况是，强权行为通常是微妙的和隐藏的。组织中的权力可能来自于魅力（与个性有关的因素）、来自获得其他权力资源的能力（参照权力）或来自专门知识。

权力也会以导致决策偏差的形式驻留在部门或功能团队中。一家因强势的销售文化而被广泛宣传并充满赞誉的公司，最终可能因该公司受到损害的形式而影响决策的制定。与产品开发和研发团队所具有的影响力相比，占尽优势的销售文化可能会导致销售人员做出不适当的控制新产品上市的决策。这将导致产品没有根据消费者需要和品位的细微差别做适当测试就匆忙上市，而对于技术研发和产品开发人员研制新产品系列来说，这些测试具有价值。有时，直到一个外部团体让这样一个群体围绕动态决策表做出认真反思之后，这个群体才能认识到一个群体的权力有可能直接或间接地导致次优决策的出现。

帕特里夏·布拉德肖－康巴尔（Patricia Bradshaw-Camball）是研究权力与政治的著名学者，他认为，掌握权力的群体或个人在组织中使用的一个关键策略是创造出其他人会接受的"意义系统"。例如，在一次有其他经理参加的会议上，我可能只发布支持自己观点的信息。如果其他人接受了我的解释——我的"意义系统"——我将对接下来的决策过程施加更大的影响。为此，布拉德肖－康巴尔对一所医院进行了研究。医院的管理层为了从医院的资助机构得到额外的资源，编造了财务危机的假象。管理层将医院的预算赤字夸大到 140 万美元，并阻止部门领导看到详细的、准确的财务报告，杜撰了虚假的"意义系统"，以获得比同一家机构资助的其他医院更大的相对竞争优势。这种危机的假象是如此有效，以至于一位外部咨询师在一份员工士气研究报告中指出，低层管理人员和雇员都非常担忧裁员的可能性——显然，这是实情。这位咨询师并未得到管理层的通盘计划，所以他为这家医院所做的建议书建立在这个发现之上。他对形势的考察不足以揭示那些正在起作用的权力与政治因素。人们对组织的历史以及其与各利益相关者关系（也包括那些超出界限的信息）的深入考察，常常可以揭开被误导的"事实"和被管理层和雇员所持有的真实的"意义系统"。

权力大体上可以分为两类，它们都可以导致带有偏差的或带有瑕疵的决策：

- **结构权力或职位权力**——源自特定职位所蕴涵的或借助某一结构所获得的权威；
- **个人权力或魅力权力**——源自某一个体的个人属性。

这两类权力都可以发挥建设性的或破坏性的作用。例如，卡特尔所拥有的结构权力有可能通过集中使用权力的方式而给较小的无权无势的行业参与者带来浩劫。这些参与者获得的利益通常是短暂的。然而，结构权力也可以成为一股积极的力量。专家权力便是典型的例子，这点我们可以从科学界对当今社会的影响力中得到证实。他们的影响程度取决于他们的专业知识，比如医学职业和其他职业的影响力。在一家公司中，创造收入的部门所掌控的权力要超过不创造收入的部门，或较大部门的权力超过较小的部门等。

与结构权力相似的是，个人权力也可以发挥建设性的或破坏性的作用。很多领导人都利用过自己的个人权力，从一个极端的希特勒到另一个极端的甘地和曼德拉。在商场中也有类似的例子，从一个极端的阿尔·邓拉普（Al Dunlap）到另一个极端的杰克·韦尔奇（Jack Welch）。如果个人权力累积到极端的程度，那么对有权势者和受到强权压制者都具有破坏性。

不过，人们在结构权力和个人权力之间使用的二分法可能会掩盖其可能存在的复杂性。有人没有任何结构权力或职位权力，但在做决策上依然可以获得远超其影响力的个人权力，而这种个人权力在其所扮演的角色上是模糊的。例如，有人虽然在组织中地位较低，但依然可以对处在强权位置的人产生不成比例的、有时甚至是危险的决定性影响。我们知道，在一些著名的案例中，人们后来发现公司董事会被一位具有超凡魅力的、固执己见的CEO所操纵，他做的决策让一家根本不可能沉沦的公司走上了下坡路。然而，甚至在社会层面上，个人权力也有可能成为一股积极的改变力量。

无论对于哪类权力，偏差对决策的影响都可能是深远的。我们从下面两个例子中可以看到，权力如何实际影响谈判和决策的过程。其中一个例子是权力导致过度自信，而另一个例子是权力会阻碍改变。

权力导致过度自信

首先，让我们看一下过度自信的问题。权力本身并不倾向于破坏决策过程，而是伴随权力而来的整体控制感和无敌感倾向于让人感觉过于相信自己做出好决策的能力。

新的研究显示，一位企业领导者认为自己拥有的权力越大，自己"发号施令"的能力就越糟糕。南加州大学纳萨尼尔·法斯特（Nathanael Fast）教授做的一项研究结果显示，在商业领域，不受约束的权力会妨碍决策过程。"伴随权力而来的整体控制感倾向于让人们感到自己在做出好决策的能力上过度自信。"法斯特说。他指出这项研究的目的在于让领导者更加留意自己可能会跌落的陷阱。

为了探索这一倾向，研究人员通过随机指定参与者扮演掌握强权或弱权的角色，开展了多项操控权力实验。接下来，他们被要求根据回答六个冷僻问题的能力来下注。

在这项研究中，那些被要求做出强权姿态的人实际上在其知识水平上输了钱；而那些感觉并不强势的人则把这种赌博风险控制到较低，所以他们并未输钱。

权力阻碍改变

人们无论对组织权力作何种考虑，都需要把组织政治的相关话题考虑在内。政治是权力的行使过程，它涉及为了达到一个组织的目的而获得、发展和使用权力。当组织正在经受改变时和当改变威胁到组织内现有的权力平衡时，政治权力就表现得尤为明显。政治权力被用来维持平衡，并阻碍改变。强势的利益相关者可以在很多方面发挥作用，比如控制谁和谁说话、谁能联系到谁、谁有某方面的信息、思路在哪个节点遭遇到了瓶颈、思路如何传播，以及谁能得到负责人的消息等。

在一个组织中，人们对于权力的了解常常不是通过查看组织系统图获得的。隐藏在组织系统图背后、看不见的关系网络经常能表现出真实的权力在何处，以及决策如何变得充满偏差。

例如，在任何组织中，有权势的个体利益相关者的系统分析图可以显示与促使新思路的产生有关的挑战、决策瓶颈以及改变。权力的非正式联盟也可以以类似的方式加以识别。着眼于控制关键资源，或拥有对决策过程有直接或间接影响的"关键票数"的利益群体也很重要。权力联盟很少是临时的，它是一种让一直试图与抵制改变的组织合作的领导者开始了解的现实状况。随着高层做出的决策在组织内部自上而下地解释并传达，这种决策便散布开来，从而冲淡并最终浇灭了改变的动力。这就是高层管理团队（并不只是一两位高级管理人员）经常在尝试大变革时败下阵来的原因。仅仅撤掉一两位管理者未必能阻止团队（通常是长期存在的权力联盟）内其余成员阻碍改变。

卡伦·斯蒂芬森（Karen Stephenson）是一位人类学家和社交网络理论家，她现在在鹿特丹大学（Rotterdam School）管理学院讲学，研究知识在组织中的流动状况（人们相信，知识将组织内看不见的网络触角集合在一起）。在《信任的量子力学》（*The Quantum Theory of Trust*）一书中，她向我们展示了网络在当今组织中的强大力量，并向"网络是随机的"概念发起挑战。她坚持认为，网络不仅是强大而微妙的，而且反映了知识密集型组织的秘密和权力，它们从根本上影响决策，尤其是与改变有关的决策。

几十年来，人们对个体与部落行为的研究表明，我们与那些和自己相似、支持自己并和自己目标一致的人交往——可信赖群体。这种状况对我们的想法和最终决策产生影响，我们会变得更大胆，因为我们不会受到支持者小圈子的阻拦。不管我们承认与否，这种部落行为更多地发生在组织内部，我们阻挡改变是因为感知到它们会稀释一个特定群体的权力。

有时，信任会充当一个重要的调解人

即使在权力不平衡的地方，信任也会在决策过程中发挥重要作用。举个例子，如果 A 的权力足以超过 B，他便可以让 B 做某事，而 B 只能照办。除非在 A 和 B 之间存在着信任关系，否则这种做法便有滥用权力的嫌疑。信任可以定义为"一个人对另一个人表现出的信心——一种不会因他的行动而把你置于危险境地或受到伤害的信念"。事实上，信任是权力的平衡力，并可以变成一个好决策的"基石"。然而，各方之间存在的信任关系相当复杂，有时还会让决策者误入歧途。

信任有时也会错位。一旦我们认定某人值得信任，那么这个人的其他特质便会受到微妙的影响，并被认为与我们前面产生的好感相一致。我们易受所谓的"晕轮效应"的影响，即当一个人某一方面的积极特质主宰了他被其他人看到的行为方式时，便会出现晕轮效应。在这种情况下做出的决策可能会带有严重的偏差和瑕疵，因为在一定程度上笃信不疑的信念和信任可能会引申为"她是我们中的一员"或"他和我们一样思考"。这种信任的概念在某种情况下会与权力的概念纠缠在一起，执掌权力的个人或群体与那些信任他们的人会出现针锋相对的局面。这种情况通常以部落行为的形式表现出来。

部落的定义来自于人们在群体内部过分强调相似性，以及在群体之间（他们的群体和其他人的群体）过分强调差异性的趋势。它可能表现为一所学校（比如说伊顿公学）过去的校友、一个政党的党员、一家公司内的创造收入者（将自己与成本管理中心的人员区分开）、医学院、工会组织或其他组织的成员等。与那些非本部落的人员相比，本部落的成员相互信任，相互提携，使本部落处于更加有利的位置。这一现象经常被称为"内群体"和"外群体"。"内群体"做出的决策通常并不优于那些由"外群体"做出的决策。一般来讲，内群体通过语言、规范、规则、政治权力、使用权、政策、固定程序等发挥控制力。内群体会在群体、公司、社团内永久保持有关"理想"成员的概念，该成员通常与他们很相似。通常，一个内群体的存在可能是潜意识的，也就是说，内群体可能不会认识到或承认自己对外群体施加的影响，或永久使外群体的成员处于劣势。在很多情况下，外群体没有权力使自己免遭内群体的歧视行动或行为。这种行为的核心就是对权力的使用。

设立监管部门、行业监督机构和其他机构的目的是让这种权力正常地发挥作用。在当今的组织内部，决策的部落性特征会损害决策的完整性。在很多情形下，这些影响可能是隐藏的。例如，一个内群体的决策架构可能会掩盖应该真正需要辩论的问题，从而继续巩固内群体的权力和影响力。这就是权力偏差在起作用。

权力对决策的影响

我们将介绍两个真实案例，旨在证明权力对决策过程的影响。基于显而易见的原因，为了保护隐私权，我们在尽量准确再现这些场景的同时，也对细节做了些许改动。

案例一

福尔蒂斯公司（Fortis）的宠物护理部有全世界最大的宠物护理业务，它占有很大的市场份额，并把竞争对手远远甩在身后。

福尔蒂斯是一家全球知名企业，它拥有强大的销售文化，这点从其宠物护理部可见一斑。尽管面临着普通低价宠物护理品牌和与大型兽医诊疗连锁机构合作的新缝隙市场参与者的竞争，但这家公司一直保持着一定的市场份额。它在"主流"宠物护理产品类别上具有无可匹敌的优势地位。

它与经销商关系深厚，这主要因为该公司在销售能力和人才管理上的巨额投入，以及其已经开展了几十年的宠物训练投资。它在销售业务上的巨大信誉也让众多消费品公司感到艳羡，这些公司也经常到福尔蒂斯公司世界各地的销售机构参观访问。

为了巩固在宠物护理领域的市场主导地位，福尔蒂斯公司做出了战略决策，即扩大并创新自己的传统服务项目。为了提高新产品类别的收入，一系列销售激励措施已经落实到位。这一战略选择交由各销售大区执行。在亚太大区，我们看到的是一系列手忙脚乱的行动，新产品很快就进入销售渠道中。我们从宠物护理部高级销售管理团队负责人那里知道，他们的行为源自对这种战略的高度信任。

然而，该战略在该地区开展得并不顺利。这种新产品未能吸引宠物主的眼球，而将这些新产品撤出市场的成本却在不断增加。此外，这些产品的下架已经开始在本来占尽优势的大宗产品类别中影响到其品牌影响力和品牌存在感。

在与制定新产品决策的商业团队合作的过程中，受聘的组织行为咨询师回溯了决策的过程，并调查这些新产品的决策是如何做出的。他们发现了一个有趣的动力源。作为这种强大的销售文化（一个组织名声在外且引以为豪的东西）造成的一种结果，参与决策的销售与营销领导者在推进自己想法（从市场的角度观察什么有效以及什么无效）的过程中起到主导作用。从这个拥有巨大组织影响力（被长期且优良的销售业绩所证实）的位置上散发出的权力，意味着领导者们发出的声音既洪亮又有力。事实上，他们的声音是如此之大，以至于来自研发和产品部门的领导者的声音都被淹没了，后者对这种没有经过充分研究和对宠物与宠物主进行测试就将产品永远推向市场的做法持谨慎态度。

成功地将一种新产品推向市场的过程，反映了一种完全不同的团队动力。销售与营销团队提出的想法一旦被认为存在价值（通常是基于非常细致的研究与分析），研发与产品开发部门便会根据要求将这款产品推至发布阶段。这涉及确定宠物主与宠物焦点小组应该测试新产品配方，并对产品做必要的改动之后重新测试，然后再次优化和再次测试。这一过程需要时间和耐心，而耐心与人们所熟知的销售领导者具备的特质并不吻合。

不过，宠物护理部的决策动力是如此强大，以至于进一步测试产品的计划被参与决策的销售与营销领导者行动至上和富有说服力的表决（他们似乎低估了新出现的消费品位与消费模式）所推翻，导致产品在市场做广泛测试之前便被发布。由于未能充分利用好各利益相关方提供的专门知识和经验，由此做出的决策也不是最佳的。这个例子说明，一个有权力、有影响力的功能部门会使决策过程产生某种程度的动摇，从而导致产品以代价高昂的失败收场。

销售与营销部门的决策偏差

作为福尔蒂斯公司内拥有几十年辉煌销售业绩和一流销售经验的部门，销售与营销部认为根本没有必要质疑自己"世界观"的内在局限性以及对公司所做的重要决策的贡献。但它并未认识到，福尔蒂斯之所以成功，其他部门也贡献了同样的价值、发挥了同样的作用，而只是下意识地推翻其他群体提出的任何有价值的观点或建设性的看法，并坚持"我们最了解市场"的态度。这种"哲学上的"意见分歧之所以未被戳穿，是因为到目前为止的战略重点一直都放在强化现有的类别和产品上，而不是发布新类别的产品上。事实上，有关新产品的讨论类似于各执一词的辩论（结果只能是产生妥协），而不是对话（产生真正的协作）。

什么样的决策会产生一种不同的、改变游戏规则的结果

福尔蒂斯聘请的咨询师本该创造一种团队干预模式。在团队干预期间，当遇到需要突破性思维的复杂问题时，决策小组可以（作为一个群体）仔细反省各自的思维偏好，以及如何将这些偏好呈现出来。思维偏好（正如思维过程诊断工具 Foursight© 所定义的那样）并不保证一定具有思维能力，而缺乏思维偏好也不暗示着缺乏思维能力。恰恰相反，思维偏好能衡量一个人对突破性思维过程基本组成部分的偏爱程度。支持这种工具的理论是，通过参加全部四个阶段的突破性思维过程，我们可以创造性地应对各种挑战：首先是构思（ideation），接下来是说明（clarification）、发展（development），最后是实施（implementation）。强烈的偏好不过暗示这是突破性思维过程的一部分，个体对此感觉最舒服，同时也备受激励。

通过让小组中的每位个体仔细反省自己的思维偏好，咨询师便能解释这些偏好如何影响他们的看法、地位和最终的商业决策。销售与营销部领导者是强大的构思者（想出高招）和实施者（付诸行动）；而研发部领导者（多半是说明者）更加缜密和善于分析的特质，使其更擅长明确需要解决的问题；另外，产品设计师（多半是发展者）专注于设计，并对切实可行的解决方案做出微调。一旦对自己和他人的偏好有了更加清醒的认识和更加深刻的洞察力，销售与营销领导者接下来便可以让自己的同事（研发部和产品开发部）公平地发出声音，借助整个团队汇聚在一起的力量开展协作，从而开展更加规范、更具建设性的对话。

通过这种外在的、以团队为基础的简易化操作和针对个体思维偏好的反馈，团队通常就问题解决者的特点和其赖以成长的团队类型而获得无可估量的洞察力。它还将有助于预见创造过程中的各种障碍，辨别团队进程中出现挫折的原因，缓解任何毫无益处的强权行为，并让通往更好、更具创造性的解决方案之路变得更加清晰。

案例二

随着亚洲及其四小龙经济体的崛起，布鲁斯·唐（Bruce Tang）在新加坡创办了艾派克斯电信（Apex Telecommunications），生产并销售移动电话服务产品。1992 年，他是这个城邦国家的三大电信运营商之一。在业务快速增长和强劲的现金流的基础上，布鲁斯感到，公司进一步发展并成为地区龙头企业的时机已经成熟。1994 年，他发布了自己的亚洲扩张计划，收购了马来西亚、泰国、中国香港和中国台湾等地的企业。到 1997 年，艾派克斯已颇具规模，并成为区域内傲视群雄的公司。

公司的管理团队游刃有余地度过了亚洲金融危机，原因就是它有充足的现金，能在竞争对手们举步维艰时大举抢占市场份额。2002 年，艾派克斯的良好表现引起了来自斯堪的纳维亚半岛的欧洲电信巨头斯堪帕因特公司（ScanPoint）的注意，该公司正欲扩大在亚洲的业务。由于已经有了收购艾派克斯的打算，斯堪帕因特开展了战略性尽职调查，以便了解艾派克斯的核心竞争力和成功源动力，从而确定该公司是否实际拥有后亚洲金融危机的可持续发展模式。尽职调查过程显示，无论能力、智谋，还是艾派克斯管理团队的企业人脉等方面，情况都相当乐观。

2002 年 10 月，斯堪帕因特公司 CEO 斯文·约翰森（Sven Johanssen）在迪拜会见了布鲁斯·唐（现在是艾派克斯的大股东）及其管理团队的核心成员，以探讨提出一份收购要约的可能性。两位 CEO 竟然一拍即合。斯文被这个有活力、有远见的管理团队深深打动了。在随后进行的商谈和收购过程中，布鲁斯和管理团队的素质得到充分展现，斯文也信心十足地向董事会提交了一份投资计划书，双方很快达成共识并签字盖章。作为交易的一部分，布鲁斯及其团队必须至少留守五年，以维持公司稳定和市场稳定。

与此同时，斯堪帕因特公司 CEO 斯文质疑了上述团队高度留用的情况和向两个布鲁斯高管团队支付奖励的约定，但布鲁斯说这些已经写入收购商业计划中，并与业绩挂钩。由于看到了协同效应的潜力，也是为了建立理解与信任的基础，布鲁斯邀请斯文定期访问新加坡。在接下来的几个月里，斯文花费了大半时间来访问新加坡，而远在欧洲的管理团队只能定期接收亚洲分公司的工作进展。

到 2003 年 7 月，斯堪帕因特成为亚洲电信市场举足轻重的角色，获得了很多公共部门的招标。考虑到很多西方经济体正在经历经济衰退，这一成就对集团公司而言具有重大战略意义。

这份收购计划详细规定了新的亚洲分公司如何与斯堪帕因特的运营平台和管理标准完成彻底地整合。当 2003 年 10 月讨论 2004 年的预算时，布鲁斯提议亚洲分公司保持独立状态，这一表态让斯堪帕因特方面颇为吃惊。而且尽管收购艾派克斯的资金支持主要是通过债务实现的，但布鲁斯争辩道，债务不应该出现在自己的资产负债表中，这样会影响到奖励分配，从而让他的亚洲团队失去动力。斯文表示同意，但这种做法让欧洲的另外两位部门高管感到吃惊，他们认为斯文做出了太多的让步。例如，斯文同意亚洲分公司不需要执行正在整个集团推动的客户管理系统（CMS）。这样做太不符合逻辑，因为 CMS 允许集团跟踪并处理部门间任何潜在的交叉补贴。布鲁斯似乎并未直接与其他部门的同事或与 CFO 解决部门间的问题，而是宁愿与斯文直接打交道。布鲁斯还精心安排让自己的高管与斯文有接触的机会，从而在斯文心中形成他们可以成为集团高管潜在继任者的印象。斯文高管团队的其他成员开始感觉到，布鲁斯的团队与斯文接触并交流的机会比他们多得多。管理团队的讨论开始变得缺少建设性，做出的决策似乎也更偏向于亚洲分公司，即使没有任何商业理由的情况下也是如此。逐渐地，布鲁斯的同事们似乎更喜欢得到布鲁斯的庇护，而不是追求集团的成功。一个更加险恶的解释开始在哥本哈根的办公室里传播，它暗示布鲁斯正在借助集团公司的资产负债表来支持艾派克斯在亚洲的扩张，并把他的现金留在自己负责的区域内。

斯文在认识到自己的管理团队出现裂痕之后，鼓励欧洲管理团队以开放的心态前往新加坡访问。与此同时，斯文（在此次收购之前，他几乎没有在亚洲待过多长时间）每个月都会去新加坡，每次逗留一周到 10 天的时间，在此期间，布鲁斯都亲自招待他，并带他到亚洲的各个地区。

布鲁斯的决策偏差

布鲁斯利用这次收购机会花费了大量时间来陪斯文，而斯文对自己看到的新加坡以及亚洲地区的好感逐渐增加。显然，布鲁斯对斯文施加了不适当的影响力，其他人感到斯文所做的决策逐渐失去了合理性和逻辑性，而且似乎一边倒地偏向于亚洲。高管团队中的裂痕日渐加深，一位重要的部门领导请求提前退休（后来其加盟了一个竞争对手的团队），其他主要部门领导也变得闲散无事，没有心思参加任何会议。布鲁斯通过赢得斯文的信任而逐渐巩固了自己的权力基础，而那时的斯文已经对亚洲产生了强烈的依恋。布鲁斯的决策偏差属于权力偏差的一种，他的每个举动都是出于巩固自己在亚洲地区的权力，以及借助集团的资产负债表为自己在亚洲扩张铺路的需要，而不是致力于让艾派克斯产生广泛的全球影响力并取得成功。

什么样的决策会产生一种不同的、改变游戏规则的结果

对于一笔全球整合业务，斯文本应采取少一些欣快感、多一些平衡的方式来开展工作，而不该被亚洲崛起的神话和本人对该地区日渐增加的依恋感所左右。他正确的做法是：阻止布鲁斯独自负责自己业务的倾向，并在看透他周密的行动计划后表现得更机敏些。董事会和 CEO 本该团结一致地工作，以确保战略的连贯性，并按照一致同意的、更加平衡的方式推动公司全球业务的发展，对因膜拜亚洲崛起的神话而重视艾派克斯并轻视其他地区的风险保持警惕。斯文和董事会也应该很清楚地表达这个旨在从收购中获取价值的计划，并坚持这个计划，而不是被布鲁斯追逐权力的策略指挥得摇摆不定。

▶ 认知偏差的危险信号

当看到下列情形时，你将知道权力在什么时候会让决策过程出现偏差。

① 让人无法忍受的模棱两可或个性与风格上的独断专行。

② 有人在面对挑战时反应消极。

③ 面对他人的详细审查，不愿说出自己的想法。

④ 在所做决策中蕴涵强烈的私利。

⑤ "看门人"行为和屏蔽人或信息的倾向。

⑥ 极少受到挑战的决策，不愿挑战某些策略或方法。

⑦ 政治因素和政治博弈。

⑧ 存在"内群体"和"外群体"。

⑨ 虽已在决策者会议上通过，但还是频繁引发争议的决策。

⑩ （在处理与下级同事的关系时）喜欢援引（上级的）权威而不是受自己个人影响力的倾向。

⑪ 在企业文化和信念中只有低水平的信任，却从未有坦诚的对话。

▶ 重塑决策思维

为了消除个人权力、职位权力或结构权力对决策产生的影响，我们建议采用以下成功策略。

反思心态

- 在追求目标的过程中，仔细反省你在构建与他人的信任关系时已经认识到的和投入的程度。
- 对你的个人兴趣一直保持警觉，并确保它们并未妨碍你做出合理的判断或好的决策。
- 承认当你的看法受到挑战时，你存在消极反应的倾向。
- 挑战自己为了不公正地巩固权力或影响力，而进行微观管理和操纵结果的需要。

反思参与者

- 让愿意和当权者说真话的人伴你左右。
- 打造一个富有才干的管理团队，它能以建设性的方式挑战等级制度。

反思过程

- 建立强大的管理机制，其中包括审计纪律及执行纪律。
- 创建清晰的获授权力，确保决策过程是透明的，并可以始终如一地执行。
- 给你的直接下属均衡地分配权力，确保没有哪位下属拥有比自己的同事更多的权力和责任，否则会影响团队凝聚力和协作。
- 深入考察组织的历史以及它与利益相关者的关系，以便揭开人们所赞成的具有误导性的"事实"和真实的"意义体系"。

THE SECRET LIFE
OF DECISIONS

第三部分

培养最佳实践的决策行为

HOW UNCONSCIOUS BIAS
SUBVERTS
YOUR JUDGEMENT

THE SECRET LIFE OF DECISIONS

How Unconscious Bias Subverts Your Judgement

11

最佳实践的决策行为

在第 3 ~ 10 章中，我们仔细考察了自己作为决策者面临的很多风险和陷阱，以及带有偏差的判断和糟糕的决策带来的高昂代价。在本章中，我们将关注决策过程本身，尤其会关注决策者为了获得一个较好的决策而投入到决策过程的时间。

> "多方商议，统一指挥。"
>
> 居鲁士大帝
> 公元前6世纪波斯帝国始皇帝、军队统帅

决策作为一个过程面临的两大挑战：

- 决策过程无法产生足够多的（决策）选项；
- 产生的选项没有经过足够强大的评估。

虽然这两大挑战受到决策者分配给决策过程时间的影响，但即使时间有保障，它们也受到决策者的决策行为或所展示出的决策技能的影响。这两大挑战影响到决策过程的设计以及应用于这一过程的思维方式。本章首先将深入考察这些影响，

之后将整合并巩固我们在前几章中倡导的具体行为。

我们在本章中倡导的最佳实践都基于一个重要假设：决策过程（即围绕决策桌所展开的谈话或对话）和决策的结果同样重要。这就是说，我们应当对决策过程和所追求的最终结果给予同等程度的关心。

团队决策过程的关键性

2010 年，麦肯锡咨询公司发布的一份研究报告显示，今天，我们在组织内做的多数决策的质量都受到促成决策出台的谈话或对话质量的最大影响，而非数据本身所造成的影响。他们研究了 1000 多个商务决策，并将完整的报告发表在 2010 年 3 月出版的《麦肯锡季刊》（*McKinsey Quarterly*）上。它反映出我们知道的真实的组织体验。

好的决策源自有意识地运用选择权。特别是做团队决策时，如果我们期待好决策的出现，那必须具备以下三个要素：

- 新鲜的洞察力；
- 独立思考；
- 激烈的辩论。

不过，对存在于决策过程的三要素而言，我们需要创造出具有开放性与参与性的环境或决策文化：在这种文化中，新鲜的洞察力会打断流行思维或主导逻辑，即使这样，它依然大受欢迎；孤立的、相反的或持异议的意见可以被自由地表达出来；而且，每个人不论是惧怕还是赞同，都可以从问题的定义出发，充满自信地或坚定地对各种观点展开辩论，寻找并探索多重解决方案，并最终获得优选方案。

决策是独立于数据搜集之外的。数据不会做决策，但人会做；而且人们有时很轻松就能做出决策，但有时却很难做出决策。正如我们在本书第二部分中已经看到的，个体和团队坚持自己的特殊观点（他们自己的独特解释、预测和已得到证实的偏好），这经常会导致存在严重偏差和根本瑕疵的决策出现。当然，如果他们对偏差表现出充分的警觉，遵循更仔细的观察和实践原则，行动时坚持知情选择，那么就会是另一种结果。换句话说，我们能更加深入地思考自己的思维。

第一层次思维 VS 第二层次思维

根据我们与领导者的合作经验，我们注意到，优秀的决策者在做出决策之前，似乎将大量时间投入到习惯性的思维构建模式中。也就是说，他们把更多的时间投入到第二层次思维中（见图 11-1）。

第一层次思维严重依赖于通过呈现在我们眼前的信息做出决策，而不是依赖于我们如何想办法解释呈现在自己眼前的信息。我们经常会质询呈现在自己眼前的数据，但极少会质询如何以及为何选择观察并解释近在眼前的它们。这就是说，我们极少依赖数据去确定自己在某一特定场合中"看到"的信息。然而，我们从不质疑为什么自己首先会看到它。第一层次思维多半呈现的是带有瑕疵的决策。事实上，第一层次思维可以用来解释美国创造性领导力中心所做的研究，即决策经理人平均只有六成能做出正确的决策。

思考你的思维

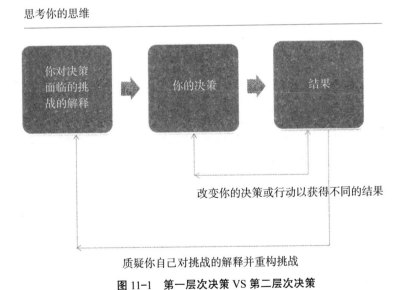

质疑你自己对挑战的解释并重构挑战

图 11-1　第一层次决策 VS 第二层次决策

第二层次思维（做决策前）的本质是"思考你的思维"。它承认决策过程是不严密的，并假定你对自己思维的考察和对这种思维基础的解释很重要，并且这是必要的一步。这种情况下的决策过程更加深思熟虑并且更加警醒。

当我们习惯用到第二层次思维时，事实上，我们在做有意识的选择，以便更深入地质询自己的思维。正是这种意识改善了我们的决策质量。虽然我们每天都会做很多决策，这些决策可能不需要深思熟虑和更加警醒的考虑，但也有一些决策存在很高的风险，并且对我们是否完成使命和实现目标非常关键。这就要求我们最佳实践自己的决策行为。我们将这些决策行为总结如下：虽然通常没有正确的答案，但更系统化地接受并利用这些习惯将会帮助我们在特定情境下做出最佳决策。

文化与环境障碍

有很多"文化上的"障碍让决策过程不甚理想。那些忙碌的管理者和领导者每天都在承受很多压力，他们可能注意到需要缩短真正用于开展问题辩论的时间。这种做法会在无意中让讨论过程变得草率或肤浅。在单一的任务驱动型或结果驱动型文化中，这一点表现得尤为明显。

在一个组织中或一出政治游戏中，为了做出一个明智的决策，既得利益的存在也经常导致人们规避不得不开展的、困难的或复杂的辩论，甚至还会导致其出现一个特殊的决策架构。在此架构中，人们会故意隐藏真正应该辩论的问题。

此外，一个组织中的风险补偿系统可能与共同目标并不一致，由此做出的决策并不符合组织内部更广泛的最佳利益。即使不是全部，它们也是一些可能降低最终决策质量的"文化"陷阱。

而且，恰恰是组织结构会带来决策质量的退化。这是因为，组织设计与架构的初衷就是为了强化乐观主义，并去除不确定性。聪明的人和有知识的人在组织中得到提拔，因为我们假定他们对一切都了如指掌。然而，当管理者对完成某一任务充满信心，但却不确定如何去做时——即便确定也是有勇无谋的表现——那么，这个团队更乐于提出问题。这种状况造就了一种文化，团队成员更愿意花时间来展现自己的创造力、实验技能、警惕性和主动性。这与另外一种文化形成强烈的对比。在那种文化中，错误被掩盖，个体假装知识渊博，而实际上却乏味无知。

总之，组织文化可以深远地影响决策质量。充分认识这些"文化陷阱"是进行任何决策过程的良好开端。

最佳实践的决策行为

考虑到前面叙述的文化障碍，领导者可以采纳的最佳实践过程具有以下特征。显然，你的每个决策都能做到最佳实践是相当不切实际的；相反，你要做的是切实实现高风险重大决策（会有很多的麻烦在等待你）的最佳实践：

- 分配时间：
  - 为更加复杂和更需要用心思考的事件和问题聪明地分配时间，这是一种风险较高的决策；
  - 占用一定时间，把已经经过认真考验的事实和那些假设的内容分离开——将未接受挑战的假设孤立起来，并更加仔细地观察它们；
  - 一旦已经做出某一决策，则在某个日期之前不再讨论该决策，为（决策）小组留出时间寻找不同意见，并深入理解决策的具体内容，为最终确认该决策创造条件。
- 重视不确定性：
  - 容忍不确定性、变数、偏差、小毛病等不利因素，并以一种系统化的方式化解它们；
  - 对行动计划或决策可能出错的原因一查到底；
  - 要经常鼓励那些时不时提出难缠问题的"神人"；
  - 为了展开辩论或讨论，抛出假设类的问题——"假如……将会怎样……"；
  - 作为一个领导者，采取一种"充满自信的、不确定的"风格。
- 打破常规：
  - 当心不假思索的常规做法（启发法、经验法则），并向它们发起挑战；

- 打破自然联合体——根据其他理由而不是传统的归属感来指定人员；

- 指定较低级别的雇员站在 CEO 或业主的视角看待问题；

- 正式指定魔鬼代言人的角色，这样就可以以一种合法的方式打断思维；

- 作为领导人不参加早期讨论，这样你在决策过程中便不会太早地出现观点摇摆不定的现象；

- 为了打破程式化思维，重构每一项任务（重新发力）。

● 扩大你的地盘：

- 发挥想象力，寻找并使用局外人、著名的持不同意见者或破坏性思想者；

- 为了扩大或深化辩论培养少数派的观点；

- 转换责任，例如角色倒置、开放新视角；

- 采取小心谨慎的方式，但要保持思想开放，并愿意尝试未必会起作用的想法；

- 反省自己的二元性思维——正误、输赢、黑白——逐渐适应中间的道路。

● 了解议程：

- 警惕个人兴趣；

- 让沉默的信念浮出水面——这种信念会妨碍协作并使协作受挫；

- 在一件事情上留心非输即赢的信念或零和博弈的思维，并带着尊敬的态度应对挑战；

- 避免将异议视为不忠。

● 运用选择权：

- 作为会议主席，谨慎地运用选择权，鼓励从"大局"看问题；

- 寻找替代解决方案，不要止步于首选优秀方案。

● 退一步海阔天空：

- 暂时休整并重新评估；

- 开展自我辩论；

- 做自己的魔鬼代言人；

- 为自己的想法或计划找到"拳击陪练"。

除了上述最佳实践决策行为之外，领导者还要留心下面叙述的盲点。

留心认知盲点

我们即使掌握了最佳实践的决策行为，还是有一些盲点可能会令我们中最有才干的领导者脱轨。下面叙述的 5 个常见的盲点值得我们注意。

与你的过度自信做斗争

虽然我们承认很多企业家的成功就是源自他们的过度自信和敢于冒险，但对自己决策能力的过度自信（详见第 5 章）也是一种重大发展的需要，它应当引起富有经验的领导者和新锐领导者的注意。

关键的一点是，我们可以把所有答案可能出错的理由都梳理一遍，进而降低过度自信的程度。例如，将复杂的高风险决策标记出来，其中尤其需要对你的自信心水平进行仔细检查；根据他人的判断，重新校准自己的判断；寻找著名的持不同意见者，并向他们请教为什么他们有可能是正确的；将某件本来对其持有 90% 信心的事按照只持有 70%~75% 的信心来对待。

我们对专家建议的信任可能和自己拥有的自信心一样，也是一个陷阱。我们无法成为全能的专家，所以我们学着相信专家。但专家也有可能大错特错。"我相信并购顾问，因为我和他在其他并购案中有过合作，因此我没有太费心思去审查他的建议"，这便是一种很熟悉的情境。门外汉的"愚蠢问题"可以帮助我们挑战专家的过度自信。医生也会出错。研究显示，医生打断病人陈述病情的平均时间发生在 16.5 秒钟之后，并发现数据收集质量和诊断准确度存在关联。除了时间因素之外，实际上病情诊断可能是错误的，因为他们忽视了病人表现出其他的和关键的症状。因此，当面对有复杂病史的病人时，医生需要经常开展会诊，目的就是避免错过重要的信息。特别是当人们面临比较复杂的挑战时，寻找第二意见也能成为对抗过度自信的一种有用的策略。不过，第二意见最好来自在相关决策中无既得利益的人。问题越复杂，你就越需要斟酌；而且讨论得越多，需要涉及的人也就越多。

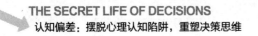

暂停草率的判断

当草率的判断被叫停时，才有可能建立起强大的理念文化。草率的判断会扼杀理念。这就要求我们在听到他人提出的理念时，避免莽撞地发表意见和看法。提醒自己不要使用下面叙述的（充满偏差的）直接"扼杀理念"的句式，并用其错误地指导其他使用者：

- "是的，不过……"
- "我们以前试过……"
- "这样做没用，因为……"
- "你真的想过……的含义吗？"
- "我们现在没有时间……"
- "我最想看的是成本效益分析……"
- "好的，我听明白了，不过我们刚刚采用其他方式投资了几百万美元……"
- "理论上很精彩，但实际不起作用……"

然而，我们仅仅控制让自己陷入困境的判断还远远不够。我们需要对他人的观点充满孩童般的好奇心。我们必须设身处地去探求别人的想法——即使我们认为自己处在一个较好的位置上，也要站在他们的角度看世界。你以此寻求一种理解，并在此基础上培养自己的理念。试试这些表示质疑的句式，它们都真正充满了孩童般的好奇心：

- 告诉我更多……
- 帮助我更好地了解……
- 你为什么对这个想法如此激动呢？
- 这有什么区别吗？
- 成功看起来应该是什么样的？
- 客户会经历什么？
- 为了让它起作用，我们不该再继续做什么？
- 我们怎样才能把它结合到自己正在做的事中？

与架构陷阱做斗争

通过改变相框，一张照片可以变成另一种模样，让你在同一张照片中看到自己之前没有注意到的东西——色彩的强度、纹理或其他细节。类似地，一个问题或挑战的架构形态对于生成最佳决策至关重要，很多决策就是因架构效果而被最终证明是错误的。

架构可能变成"有色眼镜"。例如，战略架构便是塑造人们如何解释自己竞争状况的心智模型。这些模型用来回答诸如"我们在从事什么行业？"或"谁是我们最惧怕的竞争者？"之类的问题。在第2章中，我们讨论了微软公司在历史上曾经使用过观察苹果公司的架构，这导致它低估了来自苹果公司的威胁。虽然架构能帮助我们集中注意力，但它们也会让我们失去判断力。随着我们日渐成功，我们使用的架构也变得越来越僵化。而且，管理者为了增加公司架构的合理性，经常会把信息强行匹配到自己的心智模型中。他们也许从未真正认识到公司的架构不再具有战略意义，甚至还有可能为公司招致祸端。费尔斯通（Firestone）和固特异（Goodyear）是两家生产轮胎的公司，它们在各自企业发展史的某一点上（在子午线技术出现之前）处在相同的位置。但费尔斯通的衰落和固特异的持续成功可以说明一些问题：费尔斯通任其架构昏招频出，使自己未能像固特异那样快速地放弃陈旧的轮胎技术；固特异则得益于自己开放的理念，以及前往欧洲学习到米其林的新技术。尽管存在内部阻力，但固特异坚持新的战略架构。相信大家都能回忆起让自己陷入思考，并且日后表现出仍然存在瑕疵的架构问题。

为了避免被墨守成规的思维方式所羁绊，放松心态，并坚持自己的想法和判断，尝试在你的战略对话中引入以下充满好奇心的问题：

- 我们的真正想法是什么？
- 我们看到了什么？我们没看到什么？
- 我们正在假设什么？
- 我们还能学到什么？
- 它会把我们引向何方？

我们也可以通过完成角色倒置来重新架构一个问题。角色倒置是希望"化解"例行性思维模式的公司经常使用的一种策略，它可以非常有效地缩小高管思考的内容与现场管理者实际了解的内容之间的差距。

与团队中的群体思维做斗争

对于已经一起工作了一段时间的团队而言，识别群体思维的陷阱显得尤其困难。由欧文·贾尼斯（Irvine Janis）所做的研究总结了以下群体思维的症状。

- **无懈可击的错觉**。群体成员无视显而易见的危险，承担了极大的风险，而且过度乐观。
- **集体文饰作用**。群体成员不相信，并通过解释来消除与群体思维相反的警告信息。
- **道德的错觉**。从道德的角度来说，群体成员相信自己的决策是正确的，他们无视自己决策所造成的伦理后果。
- **过分刻板**。群体给群体外的竞争者造成负面的刻板印象。
- **一致性的压力**。群体成员给群体内对群体观点表达不满的人施加压力，并视此类反对意见为不忠诚。
- **自我审查**。群体成员克制自己的不同意见和反方论点。
- **一致同意的错觉**。群体成员错误地感觉每个人都同意群体的决策；沉默则被视为同意。
- **心理防范**。一些成员自我承担了保护性角色，以使成员免受可能威胁到群体自我满意度或群体统一性的不良信息的影响。

其中几个经过实验或测验的策略可以用来对抗群体思维，并强调群体领导者发挥的关键作用，它们包括：

- 当为某个群体分配一项决策任务时，领导者采取中立立场，拒绝各种偏好和预期，鼓励形成开放、探索的氛围；

- 领导者优先关注公开的反对和怀疑——对批评持更加宽容的态度；
- 把魔鬼代言人的角色分配给群体中几个意志坚定的成员；
- 如果经评估具有可行性，将群体分成两个相互独立的审议小组；
- 邀请外部专家（无论做出何种决策，他都不会得到直接或间接的好处），并把他们包括在可以提供决策信息的人员之列；
- 在其他值得信赖的人不在决策小组中的情况下，尝试做出初步的决策。

与过度情绪化做斗争

情绪、心境和感觉等是决策过程中的重要影响因素。当诸如愤怒、爱、恐惧或贪婪等情绪强烈爆发时，它们可能会颠覆我们正常的认知过程，导致我们做出糟糕的选择或迷失在优柔寡断的怪圈之中。我们希望提醒深陷此圈的人，他们已经失去控制或实在无法自制。除了锻炼之外，还有一些反思性的技巧可以有效地让我们从问题中剔除情绪因素。

例如，当你感觉到自己的情绪正在迅速积聚时，可以通过以下的问题让情绪恢复控制：

- 我是在以特定方式积极地看待事物吗？
- 我对形势有什么期待？
- 如果没有那些期待和动机，我看待事物会有所不同吗？
- 我向那些和我不存在同样期待和动机的人请教过吗？

概括起来，对所有这些潜在的盲点而言——不论是过度自信还是陷入草率的预判，或是过度依赖问题的特定架构，也不论是被群体思维所左右还是经历了强烈的情绪波动——"想想对立面"可以让我们的判断更准确。

诊断你的决策风格

随着时间的推移，我们都会形成一种决策风格——一套掌控自己如何决策的习惯。我们极少置身度外来反思这种风格。我们最佳的反思方式是定期审查自己被要求做的决策表现。寻找自己做决策的模式、使用的逻辑、依赖的经验、参加的磋商和（在自己的鼓励下）来自他人的详细审查等。你从自己的行为中能透露出多少自己的决策风格？借助下面的清单检查一下吧：

- 你使用第二层次思维的频率有多高？
- 你的解决方案具有充分想象力吗？
- 你会把太多时间用在不太重要的事上吗？
- 经过一系列事件之后，你会逐渐钟情于似乎过于保守的选择吗？
- 你经常错估风险吗？
- 你经常为了追求速度而牺牲完美吗？
- 你感到自己在控制决策过程吗？
- 你有那种自己可以与其共事或可以依赖其意见的人吗？

为了帮助你审查、评估和改变自己的风格，并塑造最佳实践的决策行为，TalentInvest 团队开发出了 The Decision Maker©，这是一种决策风格与行为诊断工具，你可以根据提示使用它。这种诊断工具让你从三个方面对自己的决策风格和行为做出自我评价：

- 你应对复杂事物时的倾向；
- 你做决策时的倾向；
- 你在过去 12 个月里的实际决策行为。

诊断结论将会帮助你选择自己希望改变的决策行为，尤其当你面对高风险决策时，你该如何改善自己的技巧和风格。

熟能生巧，只要你在实践一开始时就保持清醒的意识，所有技能都会得到改善。诊断结论会为你提供你所需要的意识，而且，当你面对明显复杂的事物，以及预料到某些艰难的决策在等待你时，这种诊断结论将会极其关键。

大多数艰难的决策并不像它看上去那么难。只要你能做到系统化，你就能培养出最佳的行为习惯和技能，它们会帮助你做出更加理性的判断和更好的决策。

THE SECRET LIFE
OF DECISIONS
How Unconscious Bias
Subverts Your Judgement

12

未来，该怎样做出更好的商业决策

我们面对着商业和社会环境下宏观层面的深刻变化，未来决策将会不可避免地继续演化，而我们的决策行为和风格必将与其保持一致。

我们将面对不连续的改变、新技术、决策行为上的世代差异、后全球金融危机时代的商业动力学以及利益相关者的核心地位（与之相对的是延续几十年的股东优先理论），当然还有全方位视野，它们将影响决策过程中被感知和经历的方式。尽管我们单独提到这些改变的力量，但它们复杂的相互作用将会为我们的未来决策创造出真正富有挑战的舞台背景。我们即将描述的这些改变将会深刻影响我们在本书第二部分中探讨的消除八种偏差带来的全部或部分影响的方式。

不连续改变和降低的能见度

尽管我们的经济与文化改变步伐受到（但不限于）新技术的刺激正在加速，但我们对未来的能见度却在下降，现在就预测接下来将发生什么相当困难。这种不确定性不仅控制了董事会会议室，也控制了写字楼、办公室、会议中心和无处不在的咖啡馆。正像高管和普通雇员们拼命求索的核心问题一样：我们的商业模式有多少可持续性可言？哪种竞争优势在持续发挥作用？什么技能最重要？当你的公司赖以生存的基础在一夜之间发生变化时，如何权衡机遇与威胁？

仅仅在几年前，有三家公司控制了 64% 的智能手机市场，它们是诺基亚、黑莓和摩托罗拉。现在，则是另外两家公司在争夺这个行业的头把交椅：三星和苹果。对于一个规模达数万亿美元的全球产业而言，这种强弱排序的突然更迭也并不特别。这个行业通常是混乱的，这种混乱也不仅源自苹果、Facebook 和谷歌这样经常被人提及的技术公司所引发的原有行业基础的崩塌。没人能预测到像博德斯书店（Borders）或水石书店（Waterstones）这样的大书商会像保龄球一样滚落；没人预测到通用汽车会濒临破产，之后又以远超丰田汽车的动力起死回生。

然而，对于像我们这些寻求确定下一个时代路线图（或称作模式）的人而言，未来并不存在可靠的长期图景。我们只有一点是肯定的，决定接下来一二十年的将不是任何新的商业模式，而是其具有的更大的流动性和模糊性，它们让获得理性决策的过程更富挑战性。如果说过去我们还可以遵循一种模式，那么现在根本就没有模式可言。所有组织都需要培养特殊的适应力，以便在这个新世界里生存下去。大多数大型组织都擅长解决清晰且复杂的问题，但它们在解决模棱两可的问题时的表现并不出色——因为你不清楚自己不了解什么。在面对模糊性问题时，许多组织体系都是努力按照他人的要求来做出决策。

这种情况给决策带来的冲击是使各种信息之间缺少相关性，且决策者不得不应付更高程度的模糊性，某些决策者对此可能会感到不适应。对于无论从事何种行业的领导者来说，学着适应并具有在史无前例的模糊环境下的工作技能将会变得越来越关键。换句话说，学习敏锐度将成为卓越的决策者区别于他人的特质。

全球背景下的决策

今天，几乎所有的大企业都在渴望逐鹿全球，即使它们并未打算建立全球运营网络，也将全球市场作为采购源头和制造并销售产品的基地。即使是小企业，也正在感受市场与客户带来的冲击。这将给各个领域的领导者提出新的要求，他们应该拥有某种程度的跨文化智商，并能适应多样性的需要。例如，在越来越多的团队中，决策者的决策行为和风格都打上了不同文化背景的烙印，每位决策者对权力差距都有不同的态度、不同的风险胃纳和不同的相关态度等。这将增加决策过程的复杂性。

这种复杂性不仅体现在决策的速度上，还体现在基础价值、利益相关者投入决策过程的程度以及已做决策的沟通方式上。没有哪家公司比一家跨国公司更能把这种复杂性表现得这么直白，其必须在其开展业务的不同国家推出不同的工作程序，而这种改变需要跨文化的敏感性、流动性和敏锐度。

在做决策时，我们需要深入考察在本国市场已被千锤百炼的经验和专门知识之间的相关性，同样需要接受考察的还有我们逐渐积累起来的对政治和实践的依恋。有一句已经成为老生常谈的口号，即"全球思维，局地行动"，这一直是很多跨国公司需要直面的挑战。它们尽管目标各异，但都默认依附到一个单一的全球措施之上。人们基于效能展开辩论，但更多的是受到对"就在身边的"未知世界的恐惧驱使而对其展开辩论。特别是需要我们对核心价值观和信念进行重置，以及对新技能进行反向学习和再学习，获得有关市场、文化细微差别和经营方式等方面的新知识。这些改变对决策过程的影响将是深远的。

而且，市场的开放性和互联性，意味着现在我们在世界任何一个地方做出的决策，有时立刻就能影响到其他地方。这种互联性对决策者越发需要获取的思维技能和思维风格具有重大影响。系统思维至关重要，只是这个系统更大和更具有全球性。

新一代决策者

到 2025 年，目前的 Y 世代（Gen Y）将会成为我们组织中的领导者。这是超级自信的一代人，他们具有强烈的即时满足感和高度的机动性，在其管理模式下，工作与玩乐的界限并不明显。这无疑预示着一套与以往不同的工作价值观的降临，它将影响到组织机构与工商企业的运行，进而影响到决策过程。

此外，大公司给人们带来的吸引力日渐黯淡，更自由、更开放的创业环境将具有更大的吸引力，这样的环境也具有更少的系统思维。虽然婴儿潮世代（BB）可能会抱怨 Y 世代的管理导致人们的注意力很难集中，但这个特点却能够适应多任务的环境，实际上能培养出更灵活、更敏捷的决策者。

Y 世代显而易见的特征不是坚持从一而终，并在三四十年其唯一的职业生涯中积累深厚的专业知识，而是具有把职业当作实验品的倾向。他们从事的职业虽然没什么深度，却能为其带来非常广泛的经验。Y 世代更可能走出多职业之路，他们不但接受雇佣，也会在自主创业上一试身手。这将影响到他们如何做出决策和选择。他们对理念、典范或模型的依恋程度比当前的婴儿潮世代弱。他们对婴儿潮世代视为理所当然和对被束缚住的东西进行挑战的能力，很有可能使更高程度的创造力和创新解决方案出现。

有个事实值得一提。总体来说，Y 世代比他们的父母更喜欢旅行。在 30 岁以下的人群中，有近 1/3 的人在一个自己并未在此求学的国家工作。这意味着这代人更易于接受跨文化观点的洗礼，并更有可能轻而易举地接受多元化的社会。

有研究报告称，Y 世代全神贯注地寻找人生的意义和目标，这也会导致新一代决策者很少关注创造财富，反而热衷于分享财富。它还会导致他们不仅仅用决策来衡量经济目标，还用决策来衡量与更广泛的社会目标的相关性。

后全球金融危机时代的商业动力学以及利益相关者的首要目标

人人都喜欢当事后诸葛亮。现在，我们能看得很清楚，决策者们沉迷于乐观的心态，并最终导致银行与金融体系重要环节的崩溃。这就是我们经常说的全球金融危机。

"新常态"这个词经常被用来描述很多国家和公司处于没有经济增长或低速增长的时代，这些国家和公司承载着债务增加、收入下滑和经验不足的负担。人们对资本主义现阶段形态的质疑（认识到股东首要目标和短期暴利目标的局限性）一直伴随着民众对过度商业化的愤怒。人们认为，奖金文化也是导致经济崩溃的一个主要原因。如今的公司需要使用一个更广的角度来完整地定义企业的成功，并审视利益与暴利的问题。人们可以确定的是，股东至上的时代已经远去，而决策者需要考虑并满足所有利益相关者需要的时代正当其时。

我们正在开始经历一个时代，它不同于经济大萧条之后的 20 世纪 30 年代，那个时代的各行各业都在忙着消除风险，公司与个人都在节衣缩食地度日。目前，较低的风险胃纳特征是各个公司持有大把的现金。我们还可以看到，银行不愿把贷款投入到哪怕是最安全的工商企业，公司不愿为了长期的竞争优势而将资金投入到再教育和再训练之中，即使是投入到繁荣且持续增长的市场（比如中国市场）中也不行。成本控制和更狭隘的本土地盘保护似乎正是这个后全球金融危机时代游戏的名称。

在很多年甚至数十年之后，全球金融危机带来的长期阴影才能从决策者的意识中抹去，管理团队才能恢复金融危机之前所具有的决策信心、乐观和希望。当然，这些也会消除我们这个时代中标志性的狂妄自大、自鸣得意和过度自信。

新技术的冲击

技术已经为我们带来改变，并将继续为我们的生活、工作、行为甚至思维带来改变。技术一直是创新乃至经济增长的关键动力。说到快速的技术创新，我们的个人生活和职业生涯从未像今天这样受到技术的强烈影响，甚至被技术所主宰。

技术在不断地挑战我们的核心信念，比如市场如何运转或消费者如何做决定。它给出了决策者日益增加的乐观心态和日益增强的理解力的理由。新技术正在重画竞争状况图，从而深远地改变公司的发展能力和决策者的预测能力。

在期待技术带来效益的过程中，作为决策者，我们有时会乐观地高估技术能为自己的事业所做的一切。从另一个方面讲，我们也可能低估技术的力量，以及它为我们的市场带来的转变和给我们的传统业务带来的威胁。商业文献中充斥着无数的例子，比如零售领域的公司低估了网络购物的力量。商业街的零售商乐观地等待经济衰退的消散和消费者的回归，但他们没有等到——很多人爱上了网购，且短时间内没有回到实体店购物的打算。

不过，如果在本部分内容中不提及人工智能（AI）新进展的影响，以及推测其对未来决策的影响，那么这必然是一个显而易见的疏漏。推测就是推测，因为科学一直在发展。人工智能领域的建立基于这样一个断言，即智力作为人类的核心属性可以通过一台机器得到精确的模拟。人工智能似乎在需要逻辑推理的简单问题上成功模拟了人类的智力。尽管如此，迄今为止，人工智能还无法应对更为复杂的挑战。

今天，我们使用的大多数解决复杂问题的人工智能算法都需要大量的存储器和计算时间，这使得这一过程很难实验和建立模型。人们知道很多事情，但并不表示它们是可以口头表达出来的"事实"或"陈述"，相反，它们是一种复杂的直觉。例如，一位象棋大师会避免出现一种特殊的棋局，因为棋路"过于暴露了"；或者，一位艺术评论家只需对一座雕塑或一幅绘画看上一眼，便能立刻认定其真伪。这些就是复杂的直觉或倾向，它们无意识地在大脑中呈现出来，代表了具有通知和支持作用的知识，并提供了一个象征性的、有意识的知识环境。在当今复杂的决策过程中，人们几乎找不到以一种抽象逻辑所需的方式来简单区分对与错的内容。人工智能研究通过模拟更为直观的人类决策的"秘密"来探索这一问题的各种解决方法，人们期望有朝一日可以通过计算机模拟出复杂的决策过程，为决策增加更多的客观性。人工智能是当今技术领域的一个重要组成部分，它将会继续无休止地探索并模拟决策情境，为未来的决策者提供帮助。

给领导者的启示

在本章有关"未来状态"这一节中，我们面对众多不可知的事以及我们短暂的和带有推测性的旅程，可以得出这样一个结论：作为领导者，我们要在决策方面做得更好。这意味着，我们迫切需要加大决策行为和决策能力方面的投入。我们需要成为更加老练的决策者，并获得在一个日渐不确定、不稳定和模糊的世界里生存的技能。

最后，不管"未来状态"怎么样，决策者不能依赖过去让自己成功的东西。他们需要变得更有思想、更机敏，并学会做出更聪明的选择。

　　首先，我要感谢本书的作者之一、组织心理学家米娜·杜莱辛甘女士，她汇集了自己多年的企业咨询与管理经验，为我们奉献了一本难得的好书。

　　我曾经在中型国企工作过，担任过中级管理者，也曾参与过企业部门的决策活动。说实话，此前我一直对这类企业管理活动不感兴趣，也感觉不到其中有什么"技术含量"，总认为这种决策无非是把大家的意见汇总起来，分析一下相互之间的利害关系，然后领导拍板即可。

　　事实果真如此吗？非也。这种态度的转变便始于翻译这本书。随着翻译进度的不断延伸，我发现决策确实是一个非常复杂的过程，而且决策过程存在各种认知偏差的干扰，有些偏差隐藏在企业领导者的思想中，而有些偏差则融入企业管理文化之中。前者多见于"记忆力偏差""野心偏差""权力偏差"等，而后者则多见于"价值观偏差"和"依恋偏差"等。

　　读社科类的书籍最怕其内容枯燥无味，而这也是相当一部分读者对这类书籍敬而远之的主要原因。这本书之所以写得好，与作者长期浸淫于企业咨询圈和高管教练的身份有很大关系。她对很多企业的背景和发展过程都非常熟悉，清楚它们成功与失败的根源，掌握了大量的案例和资料。

　　在本书中，作者剖析了很多决策失败的真实案例，我们感觉像在读一本企业秘史，并且对作者介绍的偏差有了直观的感受。我们看到，一家家耳熟能详的大公司和其老板因为没有把握住社会发展与进步的各种机遇，或没有及时避开遇到的各种非常隐蔽的陷阱，最终尴尬地或落魄地离开自己最闪亮的舞台，令人唏嘘不已。例如，曾经为沙克尔顿南极探险人员留下珍贵影像的柯达公司"发明了数字摄影术，并创造出了这种技术，而且事实上，它是最早应用这一技术的公司。但它担心这一技术会影响同行的胶卷销售，当时的管理层便做出了不让这种产品上市的决策"。2012 年，柯达公司申请破产。这个案例体现了本书作者归纳的恐惧偏差（本书第 6 章中有该案例的详细分析）。

所以，纵观公司的企业发展轨迹，每当其出现巨大波动甚至沉沦时，都与因偏差导致的决策失败不无关系。比如，卖给印度人的路虎、卖给中国人的沃尔沃，以及摩托罗拉、夏普、波导、夏新等风云一时的品牌，它们都仿佛过眼云烟或成为别人的陪衬。再比如，前几年我喜欢的大旗网最终落寂关闭，而现在今日头条则异军突起。它们都在做新闻内容聚合，而不同点是一家做网页内容推送，一家做手机内容推送。它们各自成败的个中原因恐怕也有决策偏差的因素。对此感兴趣的读者，可以根据作者在书中提出的八种认知偏差进行分析。

显然，这是一本不仅适合企业领导者阅读的书，对于普通读者来说，本书同样也可以给我们带来很多启迪和思考。我们每个人在人生的各个阶段甚至每天都在做出非常重大（例如考大学选专业、毕业找工作甚至找伴侣）或非常渺小（例如制订旅行计划、选车甚至今天吃什么饭）的决定。人是社会性动物，我们无论做出任何决定都会受到各种因素的影响。没有受到认知偏差误导的决定会带给我们灿烂的人生和快乐的生活；反之，则有可能带给我们遗憾甚至悔恨。读过此书，如果您能有所感悟，我将感到莫大的欣慰。

最后，我还是一如既往地感谢我的夫人张书芝女士和我的儿子王鹤冰，他们不仅在生活上给予我无微不至的照顾，还充当了译稿最早的读者。另外，在一家世界五百强企业工作的薛晓然女士也根据自身工作经验为我提出了很多中肯的意见。

谢谢你们！永远爱你们！

北京阅想时代文化发展有限责任公司为中国人民大学出版社有限公司下属的商业新知事业部，致力于经管类优秀出版物的策划及出版，主要涉及经济管理、金融、投资理财、心理学、成功励志、生活等出版领域，下设"阅想·商业""阅想·财富""阅想·新知""阅想·心理""阅想·生活"以及"阅想·人文"等多条产品线，致力于为国内商业人士提供涵盖先进、前沿的管理理念和思想的专业类图书和趋势类图书，同时也为满足商业人士的内心诉求，打造一系列提倡心理和生活健康的心理学图书和生活管理类图书。

阅想·心理

《思辨与立场：生活中无处不在的批判性思维工具（第2版·经典珍藏版）》

- 风靡全美的思维方法、国际公认的批判性思维权威大师的扛鼎之作。
- 带给你对人类思维最深刻的洞察和最佳思考。

《理性思辨：如何在非理性世界里做一个理性思考者》

- 英国畅销哲普大师、畅销书《你以为你以为的就是你以为的吗？》作者朱利安·巴吉尼最新力作。
- 以一种更温和的理性去质疑和思辨，会更有力量，也更有价值。